AF252775

# Questions agricoles

## d'hier et d'aujourd'hui

# A LA MÊME LIBRAIRIE

---

**Dictionnaire-manuel-illustré d'Agriculture**, par Daniel Zolla, avec la collaboration de J. Tribondeau, Charvet, Ch. Julien et Carré, professeurs d'Agriculture. Un volume in-18 jésus, 780 pages, *1900 gravures*, relié toile, tranches rouges. . . . . . . . . . **6** fr. »

**Album agricole**, *32 Leçons avec texte en regard des planches* contenant *600 figures*, publié sous la direction et avec le concours de Daniel Zolla, par A. Jennepin et Ad. Herlem. Un album in-4° carré, cart. **2** fr. **25**

Droits de traduction et de reproduction réservés pour tous les pays, y compris la Suède, la Norvège et la Hollande.


506-04. — Coulommiers. Imp. Paul BRODARD. — 8-04.

**DANIEL ZOLLA**

Professeur à l'École nationale d'Agriculture de Grignon

# Questions agricoles
## d'hier et d'aujourd'hui

L'Enseignement agricole.
Nos achats de produits coloniaux.
La Géologie agricole.
Les Coopérations et les Assurances mutuelles.
L'Impôt sur le revenu et les intérêts agricoles.
Etc.

Librairie Armand Colin

Paris, 5, rue de Mézières

# DANIEL ZOLLA

Professeur à l'École nationale d'Agriculture de Grignon.


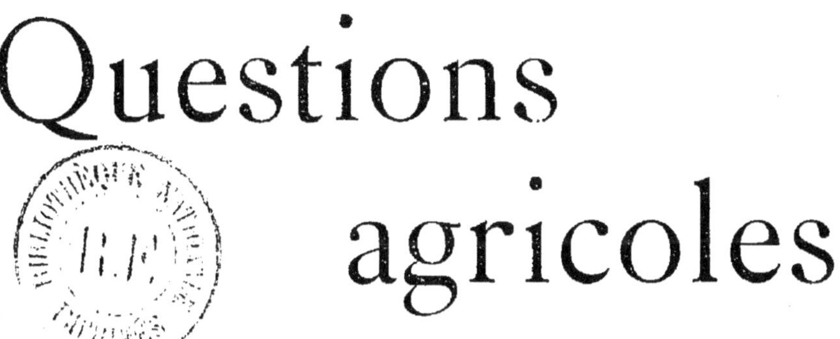

# Questions agricoles

## d'hier et d'aujourd'hui

L'Enseignement agricole.
Nos achats de produits coloniaux.
La Géologie agricole.
Les Coopérations et les Assurances mutuelles.
L'Impôt sur le revenu et les intérêts agricoles,
Etc.

## Librairie Armand Colin

Paris, 5, rue de Mézières

1904

Tous droits réservés.

# PRÉFACE

Nous avons publié déjà, il y a quelques années, deux volumes qui avaient pour titre : *Questions Agricoles d'hier et d'aujourd'hui*. C'est le nom que nous adoptons encore, pour présenter au public ce troisième recueil d'études détachées.

Deux faits d'égale importance et d'égal intérêt caractérisent la période dans laquelle nous sommes entrés : le développement de l'Enseignement agricole entraînant comme conséquence l'amélioration des conditions de la production, puis les manifestations diverses de l'esprit d'association.

La plupart des chapitres de cet ouvrage sont consacrés à l'étude de ces deux questions.

Bien des gens s'étonnent de ne pas voir les fils de nos cultivateurs fréquenter les écoles d'agriculture, et les esprits chagrins se prennent à

a.

douter de l'utilité comme de l'efficacité de l'Enseignement. Ce pessimisme est le résultat d'une vue superficielle des choses et d'une connaissance insuffisante des difficultés de ce problème scolaire. Il faut comprendre avant de gémir et de désespérer. Bien des raisons expliquent l'indifférence apparente des petits cultivateurs et leur répugnance momentanée à envoyer dans les écoles les enfants dont ils ont besoin à la maison. Les pères ne voient pas encore l'utilité des connaissances théoriques; la tradition, l'habileté manuelle leur paraissent suffire à la bonne conduite du « mesnage des champs ». Ils craignent de s'imposer des sacrifices excessifs et sans résultats.

Le temps, l'expérience, la pression de la nécessité parviendront à triompher de ces résistances et à éclairer les parents. L'enseignement agricole date d'hier, ses applications sont récentes aussi bien que les découvertes scientifiques dont il a pour objet de divulguer les résultats heureux et féconds. Notre impatience est excessive. Vivre, c'est attendre. Attendons que la lumière brille, c'est-à-dire que la conviction naisse dans les esprits qui doutent encore de l'utilité de la

« théorie ». Perfectionnons les méthodes d'enseignement et choisissons avec plus de soin, en nous imposant plus d'attention, les hommes chargés de la difficile mission d'enseigner. Le reste sera l'œuvre du temps.

Nous serions, d'ailleurs, bien mal inspirés si nous nous refusions à rendre justice aux efforts déjà faits, aux résultats dès à présent acquis, au zèle, notamment, aux services si distingués de certains membres de l'enseignement agricole : nous avons nommé les professeurs départementaux d'agriculture attaqués sans raison comme sans mesure par quelques personnalités obscures et quelques publicistes ignorants.

Dans un chapitre de ce volume, nous avons précisément montré la valeur de ce personnel si dévoué et si méritant.

Une autre étude est consacrée à l'organisation de l'enseignement agricole dans son ensemble. C'est là une œuvre de la plus haute portée que le public connaît mal parce qu'il ne s'intéresse pas aux choses agricoles. Ce dédain a de fâcheuses conséquences et nous ne craignons pas de le dire tout haut parce que cela nous paraît vrai.

*<br>* *

Nous nous sommes efforcé d'étudier sous un un aspect nouveau la question de l'Association dans ses rapports avec l'agriculture. Le développement si rapide des syndicats, des coopératives et des associations de tous genres a rendu de grands services dans nos campagnes.

On oublie, peut-être, que cette merveilleuse floraison ne doit pas être étudiée sans rechercher en même temps les causes qui l'expliquent. C'est faire trop d'honneur au législateur que de lui attribuer le mérite exclusif d'avoir développé et comme créé l'esprit d'association parmi nos campagnards, en votant simplement une loi sur les syndicats professionnels. A coup sûr, cette législation fut utile; elle le fut surtout parce qu'elle vint à son heure.

N'oublions pas, d'ailleurs, que l'on a connu de tout temps, dans nos campagnes, des associations trop oubliées; celles qui se forment entre les propriétaires et les tenanciers. Le propriétaire est un prêteur, un associé, un commanditaire, et nous avons tenu à montrer son rôle sous cet aspect spécial.

Jusque-là , l'œuvre des associations ou des groupements agricoles nous paraît heureuse et féconde. Mais, certaines tendances se révèlent qui pourraient faire dévier les syndicats de leur voie naturelle. Pour lutter contre la baisse des prix et relever le niveau des profits « légitimes » on demande aux producteurs de se coaliser , de former des « trusts », de fixer arbitrairement les prix de vente et enfin « de décréter le minimum ».

Cette tentative nous paraît bien dangereuse ou bien irréfléchie, et nous nous efforçons de dire pourquoi. A notre avis, l'effort des associations agricoles doit consister à abaisser les prix de revient et non à rehausser artificiellement les prix de vente.

Nous avons été amenés à parler des greniers coopératifs. Leur aménagement peut être fort utile et nul doute, à cet égard, ne subsiste dans notre pensée. Il importe seulement de ne pas se faire d'illusion sur les services qu'ils doivent rendre, de ne pas les faire servir à des spéculations véritables, et de tenter quelques essais avant de se prononcer d'une façon définitive sur le mérite de l'institution.

*<br>* *

Ces essais ont été faits et les résultats sont connus en ce qui touche les laiteries coopératives, ou les assurances mutuelles contre la mortalité du bétail. Les chapitres que nous leur consacrons sont destinés à en faire connaître l'organisation, ou à en montrer les conséquences heureuses au point de vue financier.

*<br>* *

Il en est autrement pour les entreprises coloniales dont la création, le fonctionnement et les profits sont, au contraire, si mal connus du public et des capitalistes en particulier.

Notre commerce d'importation fait, cependant, une place très large aux produits agricoles d'origine coloniale. Il est utile de le montrer pour faire voir quelle place est réservée aux denrées que pourraient produire nos colons.

Ce sont, hélas, et les marchandises coloniales

d'origine française et les entreprises coloniales qui font défaut. Il y a là une lacune à combler; des œuvres utiles à entreprendre, il y a, notamment, des activités à employer, car ce ne sont pas les colons, les collaborateurs instruits et actifs qui nous manquent; ce sont les capitaux et plus exactement les capitalistes capables d'étudier, d'organiser et de soutenir des entreprises agricoles coloniales.

Comment coloniser l'immense empire qui nous est ouvert aujourd'hui?

C'est le titre d'un chapitre spécial que nous avons consacré à ce problème de l'Agriculture coloniale dont on parle si souvent et que l'on n'a guère résolu faute d'avoir instruit, éclairé, sollicité de toutes façons les seuls colons qui nous manquent : les « colons-capitalistes », ceux qui consentiraient à vivifier nos terres de « la plus grande France », en les faisant cultiver après les avoir *vues*.

Tels sont les principaux sujets abordés dans ce volume; nous les avons traités avec la conviction que tous ces problèmes agricoles avaient un intérêt réel, actuel, permanent, qu'ils consti-

tuaient bien les questions « d'hier et d'aujour-
d'hui » qu'on ne saurait négliger ou ignorer sans
manquer à un devoir : celui de parler ou d'agir
selon ses forces en vue de développer la puissance
productive de notre pays.

D. ZOLLA.

# QUESTIONS AGRICOLES

## D'HIER ET D'AUJOURD'HUI

---

## CHAPITRE I

L'enseignement agricole. — L'opinion de Columelle. — L'enseignement agricole en France avant et après 1870. — Le budget de l'enseignement agricole. — De la prétendue inutilité de cet enseignement et des critiques dont il est l'objet. — La théorie et la pratique. — Rareté des situations offertes aux élèves des écoles d'agriculture. — Préjugés relatifs à la profession d'agriculteur et indifférence des propriétaires. — Les remèdes nécessaires.

Il y a près de deux mille ans, un Romain qui avait beaucoup de bon sens, Columelle, s'étonnait que l'on n'enseignât pas l'agriculture, et il disait à ce propos :

« Je vois partout des écoles ouvertes aux rhéteurs, aux danseurs, aux musiciens ; les cuisiniers et les barbiers sont en vogue, tandis que pour l'art qui fertilise la terre, il n'y a rien, ni maîtres, ni élèves...

« Et pourtant, quand même nous viendrions à

perdre ceux qui professent toutes ces choses, la République pourrait encore avoir de beaux jours, car nos ancêtres qui ne connaissaient point ces études et n'avaient même pas d'avocats, n'en furent pas plus malheureux, tandis que la société humaine ne saurait se passer d'agriculture.

« Souhaitez-vous tirer parti de votre héritage, améliorer vos procédés, vous ne rencontrez ni guides ni gens qui vous comprennent. Et si je me plains de ce mépris, on me parle aussitôt de la stérilité actuelle du sol ; on va jusqu'à me dire que la température est changée... »

Nous n'achevons pas. Columelle est vraiment trop dur pour ses contemporains et ses critiques sont irrespectueuses.

D'ailleurs, nous avons comblé ses vœux. Après avoir fondé des écoles de peinture, de sculpture, de lettres, de sciences, de théologie, de médecine, de droit, des académies de musique, de danse, de déclamation, d'art militaire, de marine, d'arts et métiers, etc., on a établi, ou plus exactement laissé s'établir une modeste école d'agriculture, celle qui porte le nom d'un homme de cœur et de talent, son fondateur, Mathieu de Dombasle.

Peu d'années après, en 1828, Auguste Bella fondait l'école de Grignon, et Jules Rieffel celle de Grandjouan.

Qu'on le remarque bien, ces établissements n'avaient pas pour objet de former des ouvriers agricoles, des contremaîtres, et, en un mot, des agents d'exécution. L'enseignement nouveau s'adressait à de futurs *directeurs* d'entreprises agricoles, à des entrepreneurs de culture comme le sont nos grands fermiers, ou à des propriétaires fonciers désireux d'apprendre comment on pourrait *diriger* un domaine et guider utilement des « praticiens » ordinaires.

D'ailleurs, il y a soixante-dix ou quatre-vingts ans, lorsque Dombasle et Bella ouvrirent leurs écoles, la science agronomique n'était pas ce qu'elle est devenue aujourd'hui. Nous ne savions rien ou presque rien en matière de chimie agricole; la physiologie végétale était tout aussi ignorée que la physiologie des animaux domestiques. La mécanique agricole était en enfance. Dombasle avait annexé à sa ferme de Roville une fabrique d'instruments aratoires précisément pour répandre l'usage de quelques machines plus perfectionnées ou moins grossières que celles dont nos agriculteurs avaient l'habitude de se servir.

On a dit avec raison que les progrès agricoles découlent, pour la plus grosse part, des découvertes scientifiques qui se sont succédé depuis soixante ans. Notre excellent maître, M. Dehérain, aimait à citer, à ce propos, un souvenir personnel qui est instructif!

« J'ai vu, disait-il, M. Boussingault en 1884, pour la première fois; malgré ses quatre-vingt-deux ans, il était encore très causant et, au cours de notre entretien, il me dit : « Quand on écrira « l'histoire de nos travaux, il faudra se rappeler « où l'on en était quand j'ai commencé. On igno-« rait que le foin renfermât de l'azote. »

Déjà, en 1848, les découvertes scientifiques étaient assez importantes pour que l'on pût en prévoir la portée au point de vue agricole et qu'on eût le dessein d'en rechercher les applications.

L'Institut agronomique de Versailles fut fondé vers 1849 pour former des agronomes, des agriculteurs instruits et pour faciliter en même temps des recherches d'ordre scientifique. Il disparut, malheureusement, en 1852; mais, en 1876, son rétablissement fut voté par le Parlement et on le transporta à Paris. Il est devenu une école importante pourvue d'un enseignement complet, très général et très élevé.

On exige, aujourd'hui, avec raison, que les élèves de notre École nationale forestière passent d'abord par l'Institut agronomique pour y recevoir un enseignement général avant de se spécialiser dans l'étude de la sylviculture.

Sous le second empire, de 1852 à 1870, on multiplia le nombre des « fermes-écoles » et l'on transforma en écoles impériales les deux établissements déjà anciens de Grignon (Seine-et-Oise) et de Grandjouan (Loire-Inférieure). Une troisième école régionale fut même établie dans l'Ain, à la Saussaie.

C'est après 1870 que l'enseignement agricole, à ses divers degrés, fut organisé, complété et singulièrement perfectionné.

Nos trois grandes écoles régionales furent maintenues. Celle de Grandjouan a été récemment transportée à Rennes, celle de la Saussaie a été transférée à Montpellier où elle est devenue un centre important d'études relatives à la viticulture.

Quatorze « fermes-écoles » ont été conservées; quarante-cinq « écoles pratiques » réparties sur tous les points du territoire ont été fondées. Elles ont pour objet, comme les « fermes-écoles », de donner un enseignement surtout *pratique*, c'est-à-dire d'instruire les élèves moins par des cours oraux que par des travaux manuels exécutés journellement. Le milieu dans lequel devaient se recruter les élèves est la classe des petits fermiers, des métayers, et notamment des propriétaires-cultivateurs si nombreux dans notre pays.

Nous avons fondé encore des écoles de laiterie

comme celle de Mamirolle, dans le Doubs, et des fromageries-écoles, au nombre de treize; une école de drainage et d'irrigation au Lézardeau, dans le Finistère; des stations œnologiques dans plusieurs régions viticoles importantes; deux écoles d'aviculture et une magnanerie-école, sans compter la station séricicole annexée à l'École nationale de Montpellier.

Trois autres établissements très importants sont, en outre, l'École forestière de Nancy, l'École des Industries agricoles de Douai, et l'École d'horticulture de Versailles.

On n'a pas oublié non plus que les femmes de la campagne pouvaient avoir intérêt à se perfectionner dans la fabrication du beurre et des fromages et dans l'élevage des volailles. Les écoles d'aviculture peuvent les recevoir; deux écoles de laiterie leur sont spécialement destinées.

On peut encore rattacher au groupe des établissements d'enseignement nos stations agronomiques et nos laboratoires agricoles qui servent à renseigner les cultivateurs sur la qualité des matières fertilisantes qu'ils achètent, sur la composition de leurs terres et les exigences des récoltes, sur la nature et la valeur des aliments que l'industrie fournit pour servir à la nourriture du bétail.

Enfin, l'enseignement nomade de l'agriculture

a été organisé par la loi de 1879. Nos professeurs départementaux d'agriculture sont chargés de le donner. Ils vont faire dans les campagnes de nombreuses conférences, renseignent et instruisent ceux qui s'adressent à eux. Ces mêmes professeurs, et des professeurs « spéciaux » qui les assistent, sont chargés de faire des leçons d'agriculture dans les écoles normales d'où sortent nos instituteurs, dans les collèges ou écoles primaires supérieures; ils dirigent en France plus de 3000 « champs de démonstration » qui constituent un enseignement par les yeux.

Ce court exposé suffit à montrer quel développement a pris l'enseignement agricole dans notre pays depuis cinquante ans et surtout depuis 1870. Les idées qui présidèrent à cette organisation d'ensemble ont été évidemment très élevées; le plan en est très complet et très logique. Chaque catégorie d'écoles et d'établissements a pour objet de répondre aux besoins d'une classe spéciale d'agriculteurs et aux caractères divers de la production agricole si variée dans notre pays.

Les sacrifices financiers imposés à la France ont-ils été considérables?

Voici quelles sont les dépenses inscrites au budget du ministère de l'Agriculture, sans compter par conséquent les subventions des départements ou des communes. Nous totalisons les chiffres relatifs au personnel et au matériel pour obtenir une somme globale :

|  |  | Francs. |
|---|---|---:|
| Institut agronomique . | . . . . . . . . . . . . . | 319 000 |
| Trois Écoles nationales | . . . . . . . . . . . . . | 678 000 |
| École nationale de Douai | . . . . . . . . . . . . | 113 000 |
| École d'horticulture de Versailles | . . . . . | 106 000 |
| Chaires départementales | . . . . . . . . . . . | 346 000 |
| Chaires spéciales | . . . . . . . . . . . . . . . . | 342 000 |
| Fermes-Écoles et Écoles pratiques | . . . . | 1 277 000 |
| Stations agronomiques et laboratoires. | | 275 000 |
| Champs de démonstration | . . . . . . . . . . | 178 000 |
| | Total . . . . . . . . . . . | 3 634 000 |

De ce total il y aurait lieu de retrancher le prix de la pension des élèves, de certains produits vendus, etc. Les sacrifices que s'impose le pays sont, en tous cas, bien modestes en comparaison des résultats obtenus et surtout de ceux qu'on a le droit d'escompter pour l'avenir.

Quelques censeurs sévères et quelques esprits à courte vue sont, cependant, tentés de mettre en doute l'efficacité de l'enseignement de l'agriculture et notamment l'utilité des écoles. Depuis cinquante ans, et même depuis que l'enseignement agricole existe, on a dit et répété : « L'instruction doit être *pratique*. Nous n'avons pas besoin de théoriciens; ce qu'il nous faut ce sont des hommes pratiques. Nos écoles ne nous donnent que des *agronomes*. »

C'est ici le moment d'être clair et de définir ces

termes de « théorie » et de « pratique » dont on abuse si étrangement.

Si l'on désigne par « théories » des rêveries, des hypothèses qu'aucune expérience sérieuse ne confirme, des méthodes de culture qui ne sont en rapport ni avec les conditions agricoles ou économiques, ni avec les ressources des cultivateurs auxquels on s'adresse ; si, en un mot, les « théories » ne sont que des *erreurs*, on a raison de les proscrire. Mais la « théorie » n'est pas cela. La théorie est de la pratique expliquée et éclairée.

Pendant plusieurs siècles on a répandu sur les champs de la marne, de la chaux et du fumier sans savoir pourquoi ni comment ces matières fertilisantes contribuaient à accroître les rendements.

C'était une pratique.

Des « théoriciens » nous ont appris que pour fertiliser le sol il fallait le compléter de manière à ajouter ce qui lui manquait, et à assurer l'alimentation des plantes. On a découvert qu'il existait une relation entre la composition élémentaire des végétaux, celle du sol et celle des matières fertilisantes. La chaux et le fumier sont utiles, ont dit ces « théoriciens », *parce que* tous les végétaux renferment de la chaux, des matières azotées, des phosphates, des sels de potasse. Or, le chaulage apporte de la chaux aux sols qui en manquent, et, de plus, cette chaux facilite la nitrification des matières azotées; le fumier apporte de l'azote, de l'acide phosphorique, un peu de potasse ou de chaux. Et voilà *pourquoi* il est utile de le répandre sur les champs. Voilà *pourquoi* aussi il est bon de le compléter avec des phosphates, des superphosphates, du nitrate de soude ou du chlorure de potassium, si ce fumier n'apporte pas au sol assez de matériaux utiles et d'aliments minéraux pour nourrir les plantes et obtenir de belles récoltes. Cette « théorie » a été une découverte féconde; elle a modifié et éclairé toute la « pratique » agricole.

La « pratique » n'est donc que *l'ensemble des méthodes et des procédés dont l'utilité et l'efficacité sont sanctionnés par l'expérience.* Mais cette « pratique » se transforme constamment grâce à la « théorie »; elle est en état d'évolution perpétuelle. Opposer la « théorie » à la « pratique » c'est opposer la pratique à la pratique, car la pratique d'aujourd'hui n'est que la théorie d'hier appliquée et sanctionnée déjà par la tradition.

Quand on se contente de la « pratique » sans se soucier de la « théorie » qui l'explique, on se condamne à la routine; on agit sans savoir pourquoi et comment on agit. Pour rester logiques avec eux-mêmes, les admirateurs exclusifs de la « pratique » devraient cultiver le sol comme on le cultivait au temps d'Henri IV ou de Charlemagne.

Il existe, à la vérité, une « pratique » agricole spéciale, très importante, très difficile à connaître; c'est celle qui se rapporte : 1° à la direction, à l'administration, et 2° à l'exécution matérielle des travaux manuels.

Pour beaucoup de personnes la « pratique » agricole se confond exclusivement avec l'habileté manuelle. Un bon praticien, à leurs yeux, est celui qui sait bien labourer, semer, sarcler, biner, conduire et soigner les animaux, etc.

La « pratique » relative à la direction des hommes, aux opérations commerciales, à l'administration intérieure d'une ferme, est de celles que l'on ne peut guère enseigner dans une école. Il faut, pour l'obtenir, faire un apprentissage personnel et acquérir de l'expérience à ses dépens.

Quant à l'habileté *manuelle*, si souvent confondue avec la pratique agricole dans son ensemble, elle peut très souvent être acquise dans une exploitation rurale quelconque aussi bien que dans une école.

Le maître, le professeur doit simplement initier l'élève au maniement de certains instruments peu répandus encore dans les fermes ou à la préparation de certains produits tels que le beurre, le fromage, le vin, le cidre, etc.

A coup sûr, cette instruction technique et

manuelle spéciale n'est pas inutile. C'est précisément son utilité qui explique le succès de nos établissements d'instruction technique spéciale. Mais quand il s'agit des façons culturales et des travaux ordinaires, l'école ne peut guère former un jeune praticien mieux et plus vite que ne le ferait son père. Voilà pourquoi tant de cultivateurs hésitent et renoncent à se séparer de leurs enfants pour les envoyer, par exemple, dans une école agricole primaire. A leurs yeux, l'agriculture se résume dans la « pratique » et la « pratique » dans l'*exécution* des travaux culturaux. Pourquoi leurs fils ne resteraient-ils pas sur le bien paternel où ils seraient initiés précisément aux travaux qu'il est nécessaire d'exécuter habituellement?

Cette observation nous fait également toucher du doigt l'extrême difficulté que présente l'établissement d'un programme d'études dans une école d'agriculture. Si ces programmes comportent l'enseignement des sciences naturelles dans leurs rapports avec l'agriculture ; si les cours oraux sont nombreux et les travaux de laboratoire absorbants, il est clair que la technique manuelle n'aura plus l'importance prépondérante qui fait donner à l'instruction l'étiquette de « pratique ».

Si, d'autre part, on néglige presque complètement l'enseignement des sciences, c'est-à-dire si

l'on n'explique pas avec soin et si l'on n'éclaire
pas la « pratique », on se condamne à ne former
que des ouvriers ou des manœuvres agricoles. Ce
qu'ils auront vu et fait à l'école ne leur sera peut-
être que d'une faible utilité. Ils ne sauront guère
discerner les avantages des méthodes culturales
adoptées à l'école *dans une situation spéciale*, des
instruments utiles ici mais inutiles ailleurs, etc.
On a précisément omis de leur apprendre le
« pourquoi » et le « comment » des choses; on
en a fait de simples manœuvres. L'œuvre de
l'école risque donc de rester stérile et les parents
se demanderont pourquoi on les a privés de leurs
enfants pendant deux ou trois ans sans leur
apprendre autre chose que ce qu'ils eussent appris
à la maison.

Il résulte de ces réflexions que l'école doit
donner un enseignement « théorique ». C'est là
son rôle véritable; elle a pour objet d'enseigner à
l'élève ce qu'il ne pourrait pas apprendre dans une
exploitation rurale. Selon le degré d'instruction
générale des auditeurs, le niveau des études théoriques sera plus ou moins élevé; voilà tout.

La technique manuelle ne devra pas être
négligée et nous n'entendons nullement la proscrire. Il faut, au contraire, que le futur agriculteur ait exécuté tous les travaux, toutes les
besognes, les plus humbles comme les plus déli-

cates; il est indispensable même qu'il en connaisse la difficulté, qu'il apprécie exactement le temps qu'elles exigent, l'habileté ou l'expérience qu'elles supposent. Seulement l'on ne devra pas borner l'ambition de l'élève à cette exécution manuelle. Ce qu'on lui demandera c'est de savoir agir, en n'ignorant pas pourquoi et comment il faut agir pour toucher le but qu'on lui a montré. La technique manuelle ainsi comprise doit toujours être l'application raisonnée et intelligente d'un enseignement « théorique ».

Quant à la « pratique » de l'administration d'une ferme, le professeur ne peut pas l'enseigner et permettre à l'élève de l'acquérir durant son séjour à l'école.

L'art de connaître et de diriger les hommes, d'utiliser son personnel, de vendre, d'acheter, de surveiller tous les détails comme de régler l'ensemble s'acquiert par une application personnelle et un long effort. C'est folie que de vouloir exiger d'un élève qu'il possède cette expérience des hommes et des choses au sortir d'une école; c'est encore folie que de nier les avantages de l'enseignement agricole parce qu'il ne peut pas donner cette expérience ou cette autorité.

On a fait d'autres reproches à l'enseignement agricole, et ceux-là sont plus fondés. Nous voulons parler des situations qu'il permet de briguer et d'obtenir. Les jeunes gens qui sortent d'une école d'agriculture ne trouvent pas aisément une position suffisamment lucrative et indépendante en rapport avec leurs très légitimes exigences. A moins d'être le fils d'un cultivateur, d'un propriétaire, à moins de posséder des capitaux, le jeune « diplômé » d'un établissement agricole est obligé de chercher une « situation », une « place » et ces emplois trop rares sont en outre mal rétribués.

Entre la situation de fermier, de métayer, de propriétaire-cultivateur et celle d'ouvrier agricole, il existe très peu de positions intermédiaires convenant à des jeunes gens sans fortune.

L'industrie et le commerce offrent des places d'ingénieurs, de directeurs, d'associés ou d'intéressés choisis en raison de leurs connaissances techniques.

On ne trouve pas des emplois analogues dans l'agriculture ou, du moins, on les trouve très rarement. Cela tient à ce que les propriétaires fonciers et les capitalistes ne s'occupent guère d'agriculture. Très peu de propriétaires ou de capitalistes exploitent directement une ferme ou un groupe de domaines. Par conséquent ils n'ont pas besoin de directeurs de culture, de contremaîtres, d'intéressés ou d'associés.

Et pourquoi l'industrie agricole est-elle ainsi

délaissée? Cela tient à de vieilles idées, à des préjugés qui expliquent malheureusement cette indifférence.

En France nous avons encore le plus profond dédain pour la profession d'agriculteur. Nous confondons, sans réflexion comme sans raison, l'entrepreneur de culture, c'est-à-dire l'industriel agricole qui dirige une exploitation, avec le domestique ou le manœuvre. Aux yeux des citadins ignorants qui sont esclaves de leurs préjugés, un agriculteur ne peut être qu'un rustre ignorant, un serf de la glèbe courbé sur le sillon, et pour tout dire : « Un paysan » ! En vain essayera-t-on de faire comprendre aux gens « du monde » qu'un agriculteur ne doit pas plus être confondu avec un manœuvre qu'un directeur d'usine avec son ouvrier. En vain répéterez-vous qu'il est tout aussi honorable, — et difficile, — de bien faire pousser du blé ou d'élever intelligemment des animaux que de fabriquer du sucre ou des bonnets de coton ! Vous ajouteriez même que la profession d'agriculteur exige, pour être exercée avec talent et profit, tout autant d'instruction que celle de commerçant, d'industriel ou de fonctionnaire, qu'un agriculteur peut être un galant homme de toutes façons, que sa situation le rend indépendant, lui assure une existence souvent très large, une vie active et saine... ce serait peine perdue. Le préjugé est là, vivant, majestueux, ridicule, mais respecté.

Ah ! s'il s'agissait d'un ingénieur, d'un fonctionnaire, d'un « attaché » au cabinet de..., d'un « auditeur », d'un « inspecteur », sa position de fortune, son utilité sociale, son indépendance et, par conséquent, sa véritable dignité d'homme fussent-elles moins hautes, personne n'hésiterait à le classer dans la catégorie des gens du monde, de ceux qu'on peut « recevoir » et qui ont une « situation ». L'agriculteur n'a pas de « situation » ; il n'est pas coté. Le propriétaire n'est lui-même accepté qu'à la condition de vivre à la ville sans déroger, c'est-à-dire sans trop s'intéresser à ses domaines, si ce n'est à l'automne... quand on chasse. S'il est très riche, on lui pardonnera de se faire éleveur ou d'engraisser ses bœufs ; mais on le traitera d' « original », mot indulgent qui excuse sa folie en lui donnant un vernis de bon ton.

Indépendamment du préjugé qui existe dans notre pays à l'égard des agriculteurs, il faut noter une autre opinion concernant l'agriculture.

Beaucoup de gens croient qu'il est impossible de réaliser des profits sérieux en cultivant la terre. La preuve ? C'est que les capitaux consacrés à l'achat d'une propriété rurale ne rapportent que 2 1/2 ou 3 p. 100. En vérité, c'est là se moquer du monde et raisonner d'étrange sorte.

La terre louée par un propriétaire qui ne la cultive pas rapporte un faible revenu, relativement à son prix d'achat. C'est vrai; mais cela prouve tout simplement que la concurrence des acheteurs a élevé graduellement le prix de cette « valeur de tout repos », et que l'on paye très cher un faible revenu pour être sûr, — ou à peu près, — de ne pas perdre le capital lui-même.

Cela ne prouve rien en ce qui touche le profit agricole, c'est-à-dire le gain réalisé par le cultivateur au moyen des capitaux qui servent à faire produire le sol ou à utiliser ses productions à l'aide des animaux de la ferme.

Or, ce capital « d'exploitation » donne un revenu pour 100 trois ou quatre fois plus élevé que celui du propriétaire. Si ce dernier touche 2 1/2 ou 3 p. 100, l'agriculteur obtient 7, 10 ou 15 p. 100. Voilà la vérité.

Il n'en est pas moins vrai, très malheureusement, que les deux préjugés dont nous venons de parler exercent sur le sort de notre agriculture une détestable influence. Ils détournent des champs les activités et les capitaux qui devraient s'y porter pour le plus grand profit de notre pays. Nous ne tirons pas de notre sol les richesses qu'il pourrait nous donner. Nous condamnons à une vie étroite, sans indépendance, parfois même sans dignité, des hommes jeunes, actifs, intelligents, qui chercheront une « place », au lieu de vivre libres et heureux en contribuant à développer la fortune de leur pays.

On compte en France plus de 2 500 000 propriétaires cultivant eux-mêmes leurs héritages. Ce n'est pas à eux que s'adressent nos observations. Ils souffrent, d'ailleurs, beaucoup moins de la crise agricole que les fermiers, les métayers et les propriétaires qui se contentent de louer leurs terres. Enfin, beaucoup de cultivateurs-propriétaires, dans le Midi notamment, dirigent effectivement leurs domaines à l'aide d'un régisseur ou d'un maître-valet.

Nous pensons surtout aux grands et moyens propriétaires, à ceux qui possèdent des métairies trop souvent abandonnées aux soins d'un tenancier sans connaissances et sans ressources suffisantes. Nous songeons également à ceux qui ne peuvent pas louer leurs terres ou qui sont forcés de subir des réductions de fermage considérables.

Dans la plupart des circonstances, il y aurait lieu de modifier les systèmes de culture suivis par les cultivateurs, de tracer un nouveau plan, d'en suivre et d'en modifier rapidement l'exécution selon le cours des denrées. Il est impossible aujourd'hui de cultiver la terre de France avec profit, en employant les méthodes usitées autrefois. Peu importe que ce soit là un malheur; nous sommes forcés de subir cette transformation. Eh bien! dans une situation nouvelle, il faut employer des procédés nouveaux, et utiliser un personnel ayant d'autres traditions et d'autres connaissances.

Hier, c'était des céréales qu'il convenait de cultiver; demain, ce sera l'élevage, l'engraissement, la production laitière qu'il faudra préférer. En tenant compte de l'aptitude naturelle des terres, c'est la variété des productions qu'on s'attachera à réaliser pour atténuer, dans quelques cas, les effets de la baisse des cours, ou pour profiter, au besoin, de leur hausse momentanée.

Se produit-il une élévation du cours des fourrages, des pailles et autres aliments du bétail, il faut savoir substituer à ces denrées des résidus industriels alimentaires pour pouvoir porter sur le marché les produits dont la vente deviendra avantageuse.

Une baisse du bétail maigre devra être l'occasion d'un achat; les variations de cours détermineront également le choix des animaux de la race bovine, ovine et porcine, dont on préférera l'élevage et dont on pratiquera momentanément l'engraissement.

Joignez à ces considérations économiques et commerciales les recherches relatives à l'emploi des engrais, à l'irrigation, au drainage, au choix des semences, à l'opportunité des façons culturales, à l'usage des meilleurs instruments, à l'utilisation intelligente du personnel ouvrier, et vous pourrez comprendre combien doit être désormais délicate la tâche d'un agriculteur éclairé sachant cultiver *avec profit*.

La meilleure méthode d'enseignement et de vulgarisation des connaissances techniques agricoles, c'est l'exemple. Quelles ne seraient pas la portée et l'efficacité des améliorations introduites et du développement de richesse obtenu dans vingt ou trente mille domaines en France, si les propriétaires voulaient s'en occuper ou confier la direction de ces entreprises à un personnel instruit, actif et expérimenté?

Depuis cinquante ans nous cherchons, en France, la solution d'un problème financier, celui du crédit agricole. C'est surtout au profit des fermiers et des métayers qu'il paraît utile d'organiser le crédit rural.

En France, nos grands et moyens propriétaires n'empruntent pas pour cultiver puisqu'ils ne cultivent guère, et, d'autre part, il ne leur vient pas à la pensée de prêter quelque argent à leurs fermiers ou métayers. Cela se comprend, à la rigueur, car ils ne pourraient ni contrôler l'emploi, ni apprécier l'avantage de ces prêts.

S'ils consentaient, au contraire, à s'intéresser aux choses agricoles, ou s'ils confiaient l'administration de leurs domaines à des hommes compétents, ils pourraient emprunter, au besoin, sur hypothèque et employer à la culture des sommes qui seraient productives. Le problème du crédit rural serait ainsi partiellement résolu.

L'union étroite, l'association intime du propriétaire et de l'exploitant, toutes les fois que ce dernier n'est pas lui-même propriétaire, voilà, croyons-nous, le remède efficace de la crise actuelle, qui atteint surtout le locataire ou le possesseur d'une exploitation affermée.

Nous avons dit, et nous répétons, que l'on souffre comme nous, en Europe, aux États-Unis, et ailleurs, de la baisse du prix des produits agricoles. C'est l'énergique initiative des propriétaires qui a permis, souvent, d'en atténuer les effets. En France, on ne parviendra à obtenir les mêmes résultats qu'en usant du même moyen.

Il faut que les fils de nos propriétaires acquièrent une solide instruction agricole et qu'ils dirigent eux-mêmes la culture de leurs domaines, *après avoir fait un stage dans des exploitations bien choisies de façon à devenir de bons « théoriciens », c'est-à-dire des « praticiens » éclairés.*

Toutes les fois que cette solution ne peut être adoptée, les propriétaires devront avoir recours à

des directeurs techniques, à de véritables ingénieurs agricoles qui exploiteront directement ou
surveilleront l'emploi des capitaux confiés à des
fermiers ou à des métayers.

Le jour où l'agriculture offrira des débouchés
aux élèves sortant des Ecoles pratiques ou des
Ecoles nationales, le recrutement de ces établissements sera assuré. Ce jour-là, également, on ne
parlera plus de la stérilité ou de l'inutilité de l'enseignement agricole. Ses effets bienfaisants, ses
résultats avantageux au point de vue financier
seront démontrés par l'expérience. La « théorie »
elle-même sera réhabilitée par les profits attachés à
la « pratique » dont elle aura été l'application.

## BIBLIOGRAPHIE

On consultera avec profit :
Collection des rapports parlementaires sur le budget du minis-
tère de l'Agriculture. — *Rapport sur l'enseignement agricole en
France*, publié par ordre de M. Viger, ministre. Imprimerie
Nationale, 1894.

# CHAPITRE II

Les professeurs départementaux d'agriculture. — Critiques injustifiées dont ils ont été l'objet de la part de quelques publicistes ignorants. — Le mode de recrutement. — Le rôle et les fonctions. — Les traitements et les qualités exigées.

Nous nous rappelons avoir lu, il y a quelque temps, un article dans lequel le rôle et la dignité des professeurs départementaux d'agriculture se trouvaient appréciés d'une étrange façon. S'il fallait en croire l'auteur de cet article, un professeur départemental serait un « monsieur » qui recevrait 6 000 francs par an pour dîner chez les fermiers et « se promener » dans les champs.

La définition est générale, de façon à éviter les personnalités. Il ne s'agit pas d'un professeur départemental qui aurait besoin d'un avertissement sévère, mais de tous ses collègues sans exception. Une attaque de ce genre n'est donc qu'une exécution sommaire; elle nous paraît, d'ailleurs, aussi injuste qu'elle est blessante, et nous nous faisons un devoir d'apprendre à ceux qui l'ignorent ce que sont les professeurs départementaux d'agriculture dans notre pays. Il nous plaît de substituer la réalité à la légende qu'un publiciste mal informé pourrait contribuer à répandre.

*<br>* *

Bien que le peuple français soit le peuple le plus spirituel de la terre, il n'est pas arrivé tout de suite à comprendre que l'on devait enseigner l'agriculture, c'est-à-dire toutes les sciences qui se rattachent à l'exploitation du sol.

Nous avions l'honneur de posséder des écoles de lettres, de peinture, de sculpture, des académies de musique, de déclamation ou de danse bien avant que l'on eût l'idée de fonder quelques établissements destinés à étendre ou à propager les connaissances utiles aux agriculteurs, c'est-à-dire aux deux tiers des citoyens français.

Cette lacune fut pourtant comblée, et, depuis 1815 jusqu'en 1870, on établit, avec des succès divers, quelques écoles d'agriculture. Ce furent celles de Roville, que fonda Mathieu de Dombasle (1819); puis celle de Grignon (1828), de Grand-jouan (1833), de la Saulsaie (1840) et un assez grand nombre de fermes-écoles destinées à former des contremaîtres, de bons ouvriers ou à instruire les fils de nos plus modestes cultivateurs.

Après 1870, cette organisation fut complétée. L'enseignement agricole le plus élevé continua d'être donné dans les écoles nationales d'agriculture qui sont aujourd'hui celles de Montpellier, de Grignon et de Rennes. L'Institut agronomique fut fondé dans le même but et établi à Paris. Quelques-unes des principales fermes-écoles subsistèrent, et de nombreuses écoles pratiques réparties sur tout le territoire de la France furent instituées dans le but de répandre largement l'instruction agricole élémentaire.

Il restait à faire profiter de l'enseignement agricole et des découvertes scientifiques les plus utiles, ceux-là même qui n'avaient pas pu suivre les cours d'une école. Il fallait instruire, conseiller et éclairer le cultivateur sans que ce dernier eût besoin de se déplacer.

Ce conseiller, ce missionnaire agricole, chargé de parcourir les campagnes et d'aider de toutes ses forces à la diffusion des meilleurs procédés, des plus utiles connaissances techniques, ce fut précisément le professeur départemental d'agriculture.

La loi du 16 juin 1879, qui institua les chaires départementales, indiquait ainsi le mode de recrutement et les attributions des titulaires :

« Dans le délai de six ans, à partir de la promulgation de la présente loi, il sera établi une chaire d'agriculture, d'après les règles ci-après dans les départements non dotés déjà de cette institution.

« Les professeurs seront choisis au concours.

« Le programme du concours sera arrêté par les ministres de l'Agriculture et de l'Instruction publique, après avis des Associations agricoles et du Conseil général du département.

« Les professeurs d'agriculture seront chargés de leçons à l'école normale primaire, aux autres établissements d'instruction publique, s'il y a lieu, et des conférences agricoles dans les différentes communes du département, aux instituteurs et agriculteurs de la région. »

Pour que le public comprenne bien ce qu'est un professeur d'agriculture dans un département et quelles garanties de savoir il doit donner, indiquons, au moins brièvement, les épreuves qu'il subit au moment du concours :

Une première épreuve écrite porte sur des questions d'agriculture, de zootechnie ou d'économie rurale.

Une épreuve pratique porte sur l'analyse chimique et l'emploi du microscope, sur le maniement des machines agricoles, les animaux domestiques, les cultures, les bâtiments ruraux, l'appréciation des terres, l'évaluation des récoltes, etc.

La troisième série d'épreuves comporte deux leçons : 1° une leçon orale d'une heure au moins, en forme de conférence faite pour des agriculteurs sur un sujet intéressant surtout l'agriculture ou les industries agricoles du département; 2° une leçon d'une heure au moins sur une question rentrant dans le cadre des études de l'école primaire.

Quant aux connaissances générales exigées des candidats, elles sont aussi variées qu'étendues. Le programme officiel indique les matières suivantes :

Agriculture, engrais et amendements, dessèchements, drainage, irrigations, préparation des terres; machines et instruments, constructions rurales.

Cultures spéciales et plus particulièrement celles qui intéressent la région dont fait partie le département pour lequel le concours est ouvert. — Prairies, herbages....

Zootechnie générale. — Nutrition ; choix et préparation des aliments; rations. Locomotion. — Sélection, croisement, métissage.

Économie et législation rurales; comptabilité agricole.

Applications des sciences naturelles (botanique, zoologie et géologie) et de la chimie à l'agriculture.

Maladies des plantes.

Technologie agricole, tout spécialement, industries agricoles qui existent dans la contrée, telles que sucrerie, distillerie, huilerie, féculerie, fabrication du vin et du cidre, magnanerie, etc.

Arboriculture, viticulture, horticulture, sylviculture (exploitation des bois et cultures forestières spéciales à la région).

Remarquons bien qu'il ne s'agit pas ici d'un programme destiné simplement à éblouir le public. La plupart des candidats aux chaires départementales sont des élèves sortis les premiers de nos grandes écoles d'agriculture ou de l'Institut agronomique et des écoles vétérinaires. Non seulement ils ont très sérieusement étudié toutes les matières du programme dont nous venons de parler; mais encore ils ont suivi, en qualité de stagiaires ou de chef de culture, les travaux de plusieurs exploitations rurales; ils ont été attachés aux laboratoires des écoles nationales ou de l'Institut agronomique.

Enfin, la chaire en vue de laquelle ils prennent part aux épreuves du concours leur est toujours disputée par de nombreux concurrents.

La composition même du jury montre que l'on a pris soin de faire une place très large aux praticiens éclairés dont la compétence en matière agricole est garantie par le suffrage même de leurs pairs.

Le jury d'examen est, en effet, constitué de la façon suivante :

1° L'inspecteur général d'agriculture;

2° L'inspecteur d'académie;

3° Un professeur de chimie ou de physique;

4° Un professeur de sciences naturelles;

5° Un professeur de l'École vétérinaire ou de l'École de médecine la plus rapprochée;

6° *Trois agriculteurs* choisis par la commission départementale parmi les membres des associations agricoles du département, sur des listes dressées par chacune de ces associations;

7° Un conseiller général désigné par ses collègues.

La présence de trois agriculteurs dans le jury de concours prouve clairement que l'on a voulu prévenir toute critique portant sur le caractère trop exclusivement théorique des connaissances dont le futur professeur départemental est tenu de faire preuve.

Voici maintenant un candidat pourvu d'une chaire départementale. Que doit-il faire? Que fait-il réellement? Il doit faire et il fait toujours des cours d'agriculture à l'École normale d'instituteurs. On a pensé qu'il fallait donner aux maîtres d'école de nos villages une instruction agricole.

L'intention est excellente; l'idée a été à la mode. Nous doutons, pour notre part, que l'instituteur communal, qui est fort occupé, puisse rendre de grands services au point de vue de la diffusion des connaissances agricoles.

En revanche, il est bien certain que les cours d'agriculture suivis par lui à l'École normale ont au moins l'avantage de compléter son instruction.

Quoi qu'il en soit, le professeur départemental

est tenu de faire environ 45 leçons à ses élèves
instituteurs durant le semestre d'hiver. C'est là,
en réalité, une tâche très facile à remplir.

Il en est tout autrement pour les conférences
agricoles dans les campagnes. Le choix des sujets
à traiter exige une connaissance approfondie et
toujours difficile de la production agricole dans
les communes où le professeur se rendra. Il faut
que le conférencier réponde à une préoccupation
des cultivateurs, leur parle un langage clair,
simple, aisé à comprendre pour tous les auditeurs.
Il doit mettre l'exemple à côté du précepte, se
transporter fréquemment dans les champs, se
servir d'un instrument, exécuter, au besoin,
l'opération qu'il a décrite, comme la taille de la
vigne, le greffage, etc.

Encore est-ce là seulement le rôle officiel du
professeur tel qu'il lui est tracé à l'avance. En fait,
son influence s'exerce surtout par des visites qu'il
est sollicité de rendre quand on fait appel à lui
pour profiter de ses conseils. Lors de ses tournées
agricoles, le professeur d'agriculture ne se borne
donc point à prononcer quelques harangues
banales sur les progrès de l'agriculture. Avant ou
après chaque conférence on vient causer avec lui;
on l'interroge, on lui demande des renseignements
et des avis sur l'emploi et sur le prix d'un engrais,
sur l'achat d'un instrument, sur la maladie d'une

plante ou d'un animal. Il y a plus, notre agronome doit se transporter sur le champ qu'on lui demande de voir, dans la vigne qu'il faut traiter, près de l'instrument dont il doit expliquer le mécanisme, et ces causeries, ces petites conférences pratiques sont encore plus utiles que la conférence prévue par le programme officiel.

En outre, un professeur départemental reçoit chaque jour une foule de lettres; il doit répondre aux questions les plus variées et parfois les plus bizarres. Consulté par son préfet et obligé de rédiger des rapports sur des sujets d'un intérêt agricole général, interrogé sur l'état des récoltes, sur leur abondance et leur extension, chargé de surveiller, en outre, des champs d'expériences ou de démonstration, des pépinières départementales, etc., un professeur d'agriculture a une existence de travail continuel. La politique, qui se glisse partout, rend parfois sa situation difficile. Il ne doit point aller trop souvent chez M. Z... qui est réactionnaire, ni manquer de complaisance à l'égard de M. X... qui est radical. Il lui faut même parfois satisfaire un Conseil général et un préfet dont les opinions politiques sont différentes!

Quels sont les appointements de ces hommes distingués et dévoués auxquels on demande tant de savoir, d'activité, de désintéressement et même de tact politique?

Les professeurs départementaux sont divisés en quatre classes dont les traitements sont :

|  |  | Francs. |
|---|---|---|
| 1<sup>re</sup> classe | .......................... | 4 500 |
| 2<sup>e</sup> — | .......................... | 4 000 |
| 3<sup>e</sup> — | .......................... | 3 500 |
| 4<sup>e</sup> — | .......................... | 3 000 |

N. B. — La première nomination est toujours faite à la 4<sup>e</sup> classe (3 000 fr.). — L'élévation d'une classe à la classe supérieure ne peut avoir lieu qu'après trois années d'exercice au moins!

Un jeune homme débutant à vingt-cinq ans dans cette carrière, — et il ne peut pas débuter plus tôt, — obtiendra seulement à trente-quatre ans la 1<sup>re</sup> classe, en supposant que son avancement n'ait pas été retardé. En fait, jamais pareille faveur ne lui est accordée : c'est entre trente-cinq ou quarante ans qu'il arrive à obtenir ce traitement maximum de 4 500 francs soumis à la retenue de 5 p. 100 et réduit par conséquent à 4 275 francs, ou 356 francs par mois, après douze ou quinze ans de travail! Sans doute, les « frais de tournée » alloués par le Conseil général avec plus ou moins de parcimonie paraissent augmenter ce chiffre; mais ils sont absorbés fort souvent, en grande partie, par les dépenses qu'occasionnent les déplacements et la correspondance.

A défaut de la fortune à laquelle ils ne peuvent

prétendre, il serait au moins équitable qu'on accordât aux professeurs départementaux l'estime et la considération qu'ils méritent. Ceux qui les connaissent vraiment, — et nous sommes de ceux-là, — n'hésiteront jamais à affirmer qu'on les calomnie quand on soutient que ce sont des « messieurs » gagnant 6 000 francs par an pour dîner chez les fermiers et se promener dans les champs.

Il est bon que le public fasse justice de ces erreurs, et nous avons écrit ces lignes pour l'éclairer, sans souci des inimitiés que nous vaudra cette hardiesse.

### BIBLIOGRAPHIE

Loi du 16 juin 1879 et circulaires ministérielles relatives aux professeurs départementaux d'agriculture. Rapport sur l'Enseignement agricole en France. Paris, imprimerie Nationale, 1894.

# CHAPITRE III

La réforme des écoles pratiques d'agriculture et le décret du
19 janvier 1904. — Insuffisance du recrutement des élèves et raisons qui l'expliquent. — Défiance du public agricole à l'égard
de la « théorie » et importance des sacrifices imposés aux
parents par l'entretien des élèves dans une école. — Le rapport
de Richard (du Cantal) sur les fermes-écoles. La rédaction des
programmes. — L'insuffisance des débouchés offerts aux élèves
est la vraie cause de l'insuccès relatif des écoles d'agiculture.


Un nouveau décret en date du 19 janvier 1904
vise les réformes à apporter dans l'installation, la
direction et l'enseignement de nos *Écoles pratiques d'Agriculture*. Dans un rapport qui accom-
pagne ce décret M. le Ministre de l'Agriculture
rappelle et expose très clairement le rôle des
écoles pratiques.

« Intermédiaires entre les fermes-écoles qui
sont destinées à former de bons ouvriers et
contremaîtres agricoles et les écoles nationales
d'agriculture dont sont sortis tant d'agronomes,
d'agriculteurs et de professeurs distingués, les
écoles pratiques d'agriculture sont destinées, dans

les intentions du législateur, à donner l'enseignement professionnel agricole aux fils de cultivateurs, propriétaires et fermiers et, en général,
aux jeunes gens qui se destinent à la carrière
agricole.

« Tandis qu'à la ferme-école l'enseignement
pratique prédomine et qu'à l'école nationale les
sciences ont la plus large part, la répartition entre
les études théoriques et la pratique est sensiblement égale à l'école pratique d'agriculture.

« Les écoles pratiques s'adressent donc à une
catégorie agricole des plus nombreuses et des plus
intéressantes, celle des petits et moyens cultivateurs qui constituent la majorité des exploitants
du sol et qui est certainement une des plus
grandes forces de notre pays. »

Il est clair que les intentions du législateur ont
été excellentes et qu'il a eu le dessein de servir les
intérêts de la démocratie rurale. C'est à « la
majorité des exploitants du sol », aux petits
et aux moyens cultivateurs que l'État s'adresse
aujourd'hui encore en s'efforçant de perfectionner
un instrument de progrès dont ils ne paraissent
pas comprendre l'utilité puisqu'ils refusent de s'en
servir.

L'administration de l'agriculture a pensé que
cette indifférence des cultivateurs — pères de
famille — pouvait être imputée à un mauvais

choix dans l'emplacement de l'école, à une installation insuffisante, ou bien encore à des défauts
d'aptitudes professionnelles de la part des directeurs ou des professeurs.

On s'efforcera désormais de placer les écoles
pratiques dans un milieu vraiment agricole, où la
préoccupation des choses rurales soit prédominante et où professeurs et élèves puissent avoir
constamment sous les yeux des exemples de cultures bien dirigées.

Il est également utile que l'établissement soit
situé dans un milieu sain, pourvu d'eau de bonne
qualité et en suffisante quantité pour assurer les
conditions d'hygiène convenable et pour satisfaire
aux besoins de l'école et de l'exploitation. On
doit, enfin, chercher à placer l'école près d'une
station de chemin de fer qui en facilite l'accès aux
élèves ainsi qu'à leurs familles.

Le choix du directeur sera entouré, à l'avenir,
des plus sérieuses garanties de façon qu'il soit à
même de gagner la confiance et la considération
des cultivateurs de la région par la bonne marche
qu'il imprimera à son exploitation. Pour atteindre
ce but, un concours sur titre sera institué au
ministère de l'Agriculture toutes les fois qu'il y
aura lieu de désigner un directeur au choix du
ministre.

L'administration a pensé qu'un certain nombre

de professeurs manquaient de la préparation pédagogique nécessaire pour être en état de donner un enseignement approprié au degré d'instruction de leurs élèves. Dans le dessein d'obvier à cet inconvénient, des épreuves nouvelles seront imposées aux candidats à des chaires de professeurs. Ils auront à subir un premier examen d'admissibilité à un stage pédagogique.

Après l'accomplissement de ce stage, ils devront subir un concours en vue de l'obtention du certificat d'aptitude à l'enseignement technique dans les écoles pratiques.

Enfin, les traitements des directeurs et des professeurs seront relevés « au fur et à mesure que les ressources budgétaires le permettront ».

Voilà, certes, un ensemble de mesures très prévoyantes et très sages. Mais pourquoi cette réforme a-t-elle paru nécessaire; pourquoi « la majorité des exploitants du sol », les petits et les moyens cultivateurs n'envoient-ils pas leurs fils dans les écoles pratiques?

En réalité, le nombre des élèves n'est pas insignifiant et, à plus forte raison, ne peut-on pas dire qu'il est nul.

Nos écoles pratiques comptent *1 100* à *1 200* élèves et le nombre des diplômes délivrés chaque année est voisin de *400*.

« C'est là, nous dira-t-on, une population scolaire trop restreinte par rapport au nombre des cultivateurs. Il y a plus ; beaucoup de jeunes gens admis dans les écoles pratiques sont des boursiers de l'État et des départements. En réalité, peu de parents consentent à faire quelques sacrifices pour donner à leurs enfants une bonne instruction professionnelle agricole. Les écoles pratiques ne répondent-elles pas à un besoin ? sont-elles inutiles ? l'enseignement qu'on y donne n'est-il pas approprié aux besoins de ceux qui doivent le recevoir ? »

A ces questions suffisamment précises, voici comment on peut répondre :

Tout d'abord, il est, suivant nous, certain que les écoles pratiques sont encore de création trop récente pour qu'on puisse espérer voir les élèves y affluer.

Le public agricole n'est pas encore convaincu de l'utilité d'un enseignement agricole *quel qu'il soit*, voilà la vérité. Sans doute, beaucoup d'agriculteurs éclairés ne partagent pas cette opinion. Ceux-ci lisent, s'instruisent, réfléchissent et portent un jugement sur les conditions nouvelles de leur industrie. C'est une élite, et, par suite, une exception. Dans quel milieu doivent précisément se recruter les élèves des écoles pratiques ou des fermes-écoles ? Dans la classe des petits fermiers, des métayers, des propriétaires-cultivateurs,

voire même des ouvriers ou domestiques agricoles. Nous comptons, en France, plus de *deux
millions* de propriétaires-cultivateurs, plus d'*un
million* de fermiers, et près de 350 000 métayers.
Sans doute, c'est là un groupe professionnel très
nombreux. Mais combien de métayers ou de
petits propriétaires voient clairement les avantages d'un enseignement agricole dont ils n'ont
pas été eux-mêmes appelés à recueillir les fruits?
Tout enseignement se résume pour eux dans des
« théories » et ils en ont peur! On ne triomphera
de ces préjugés qu'après un fort long temps.

Et puis, n'oublions pas qu'il s'agit d'une dépense
à faire, et que cette dépense est double. Un père
de famille ne doit pas seulement payer le prix de
la pension dans une école pratique; il faut encore
qu'il se prive des services que peut rendre un
jeune homme de quatorze à seize ans! Dans les
familles nombreuses, ces sacrifices deviendraient
considérables. Faudra-t-il, cependant, traiter de
façon différente l'aîné et les cadets?

Ces sacrifices dont nous parlons sont, en outre,
immédiats, prolongés, réguliers, revenant à
échéances fixes. Ils sont donc difficilement supportés. Quels sont, en revanche, les avantages
correspondants? Le père de famille ne les voit pas
nettement. En revenant de l'*école* son fils sera-t-il
un « praticien » plus habile, un travailleur plus

vigoureux, un collaborateur *plus soumis et plus respectueux*?

Le père de famille ne redoute-t-il pas précisément que son « écolier » ne veuille lui donner des leçons ou discuter ses ordres?

Cependant, l'enfant est parti; il entre à l'école pratique voisine... ou éloignée, et il y reste jusqu'à seize ou dix-huit ans. Soit. Au retour, nous supposerons encore qu'il revient aider son père. A vingt et un ans c'est le régiment qui l'enlève et le garde trois longues années. Pendant ce temps, le chef de famille reste seul s'il n'a pas d'autre fils avec lui. Ainsi, la période des sacrifices est fort longue. Le cultivateur pauvre songe à cela et il abrège cette période... en gardant son enfant à la maison au lieu de l'envoyer à l'école. S'il consent à s'en priver c'est pour élever, ou, du moins, pour changer sa condition sociale. L'école pratique le lui prend, mais c'est pour en faire plus tard un élève d'une école nationale ou de l'Institut agronomique et il faudra qu'on lui trouve « une place ».

Au besoin, on attendra le moment des élections et le député devra s'intéresser à l'enfant du pays qui a conquis des diplômes. A quoi serviraient, en effet, « ces papiers », si leur possession ne conférait pas le droit d'obtenir une situation?

Nous supposons, en outre, que le père disposé

à faire des sacrifices et à se priver de son fils le place dans une école d'agriculture; mais, en réalité, c'est là une hypothèse très favorable.

Combien de fermiers, de métayers ou de petits propriétaires auront l'ambition ou l'illusion de viser plus haut et de placer leurs fils dans un collège ou une institution pour lui permettre de devenir surnuméraire dans l'administration des contributions directes ou indirectes, ou aspirant surnuméraire ailleurs, etc.! L'école d'agriculture est concurrencée par tous les établissements qui donnent une instruction générale et font briller aux yeux des parents les perspectives d'une situation fixe et officielle.

En résumé, plusieurs raisons expliquent la faiblesse numérique de la population scolaire dans les écoles pratiques d'agriculture.

La défiance naturelle et en quelque sorte instinctive du petit cultivateur à l'égard de tout enseignement agricole; la difficulté de renoncer aux services que peut rendre un enfant depuis le moment où il quitte l'école primaire du village jusqu'à l'époque de son entrée au service militaire; l'importance, et, pour quelques-uns, l'énormité des sacrifices immédiats que suppose l'entretien d'un jeune homme dans une école; l'incertitude des résultats que peut avoir l'instruction professionnelle acquise; l'ambition ou plus

exactement l'illusion des pères qui veulent élever
la condition sociale de leurs enfants en les détour-
nant de la carrière agricole; telles sont les raisons, bonnes, médiocres ou mauvaises, de l'insuffisance ou de la difficulté du recrutement des
élèves dans les écoles pratiques.

Pour triompher de la résistance des pères de
famille et pour réussir à les convaincre, il a fallu
leur offrir des bourses. Le nombre de ces dernières
paraît considérable lorsqu'on le compare à l'effectif
total des élèves, et l'on a vu là un danger, une
anomalie; d'autres disent un scandale. Il était
aisé, nous le croyons, de prévoir qu'en augmentant le nombre des écoles primaires agricoles ou
en substituant l'école pratique à la ferme-école on
ne modifierait ni les dispositions d'esprit des cultivateurs ni l'état de leur fortune.

Nous avons voulu aller vite et faire grand.
Instruire la démocratie rurale, répandre largement
les notions scientifiques d'une application immédiate et d'une grande portée pratique, tels ont
été le rêve généreux et la louable intention de
ceux qui ont multiplié les établissements d'enseignement agricole. Il se trouve que les agriculteurs auxquels on voulait rendre service
n'étaient pas en état de répondre à cet appel.
La déconvenue et la désillusion ont été d'autant plus amères que les sacrifices consentis

avaient été plus amples et les espérances plus sincères.

Les déceptions qu'éprouvent quelques personnes en constatant la faiblesse numérique des élèves d'écoles pratiques ne doivent point nous émouvoir outre mesure. Il ne faut pas désespérer et dire que tout est perdu. On pouvait aisément prévoir que beaucoup de petits cultivateurs hésiteraient à envoyer leurs enfants dans des établissements d'enseignement où il leur faudrait payer pension. Il y a cinquante ans, lorsque Richard (du Cantal) rédigeait son rapport sur l'enseignement professionnel de l'agriculture, il prévoyait parfaitement que le modeste paysan ne pourrait pas s'imposer des sacrifices pour assurer l'instruction de ses fils. Voici comment il s'exprime à cet égard :

« Le ministre propose de créer successivement une ferme-école dans chacun des arrondissements de la République; et comme ces établissements sont destinés à ne recevoir que des jeunes ouvriers, que des fils de petits cultivateurs, qui n'ont pas les moyens de faire instruire leurs enfants, l'enseignement, comme la pension, le logement et l'entretien seront gratuits. L'Etat payera 175 francs pour chaque enfant qui, par son travail modéré et sagement combiné avec son instruction, indemnisera le directeur de la ferme-

école de l'excédent des frais qu'il pourra occa-
sionner.

« Une allocation de 75 francs par an et par élève
sera mise à la disposition du directeur : elle servira à l'entretien du trousseau de l'apprenti ; l'excédent sera versé dans une masse commune et
répartie entre chaque élève à la fin de chaque
année. Elle fournira ainsi, au bout de trois ou
quatre ans, un petit pécule à chaque élève sortant.

«... Enfin, une prime de 400 francs sera accordée
chaque année à l'élève qui obtiendra le n° 1 en
sortant de l'école. »

Et l'auteur ajoutait :

« Une ferme-école organisée comme nous
venons de le voir, et instruisant 33 élèves en
moyenne, ne coûtera à l'État que 14 550 francs
savoir :

|  | Francs. |
|---|---|
| Le directeur-professeur | 2 400 |
| 4 professeurs | 3 500 |
| 53 élèves à 250 fr. l'un | 8 250 |
| Prime pour le premier élève sortant | 400 |
| Total | 14 550 |

« Le bénéfice que la République et le progrès
y trouveront sera énorme si nous le comparons
à la petite dépense qu'il occasionnera ! »

Richard (du Cantal) avait donc très bien compris la nécessité de rendre gratuit l'enseignement
agricole, destiné à former de bons praticiens

recrutés dans les familles des plus modestes agriculteurs.

Pourquoi s'étonner aujourd'hui de l'indifférence apparente des pères de famille et de la faiblesse numérique du personnel des écoles pratiques ? Ces établissements ont été substitués aux fermes-écoles, et leur organisation peut sembler préférable à certains égards ; mais les ressources des cultivateurs n'ont pas augmenté à tel point qu'ils puissent, aujourd'hui, payer aisément la pension de leurs enfants.

Il faudrait au moins compenser ces sacrifices en accordant à certains élèves bien notés et sortant dans les premiers des avantages appréciés.

On avait pensé à une exonération de service militaire. C'est là une charge fort honorable mais très lourde pour les jeunes gens qui doivent demeurer trois ans au régiment. Or, le paragraphe 3 de l'article 23 de la loi du 15 juillet 1889 dispense de deux ans de service « les jeunes gens exerçant les industries d'art qui sont désignés par un jury d'État départemental formé d'ouvriers et de patrons ».

Il est bien permis, sans nulle exagération, d'assimiler l'agriculture à une industrie ; d'autre part, l'avantage que présentent le bon recrutement et l'émulation dans les Écoles pratiques est tout aussi sérieux que celui d'assurer par des faveurs raisonnables le recrutement et l'émulation dans les ateliers d'industrie artistique.

Pourquoi n'assimilerait-on pas les deux ou trois élèves d'écoles pratiques, sortis *les premiers*, à des jeunes gens exerçant des industries d'art?

Ce serait, au moins, un avantage sérieux et apprécié, qui compenserait les sacrifices imposés aux parents, et attirerait les élèves.

Un vœu dans ce sens a été dernièrement adopté, à l'unanimité, croyons-nous, par le Conseil général du Loir-et-Cher, sur la proposition de M. Prillieux, sénateur, ancien inspecteur général de l'enseignement agricole.

Nous possédons, environ, 14 fermes-écoles et 40 écoles pratiques, soit 54 établissements de cet ordre. A raison de 3 élèves par école et par an, le nombre des dispensés ne s'élèverait qu'à 162.

Cette réforme n'aurait donc pas d'inconvénients appréciables au point de vue militaire et elle contribuerait certainement au peuplement facile des établissements d'enseignement agricole.

Malheureusement la perspective du service uniforme de deux ans et le souci de l'égalité — appliquée quand même à des individualités de valeur sociale inégale — rendent cette réforme d'une application très difficile.

Il a fallu, cependant, faire quelque chose. Faute de pouvoir accuser les agriculteurs qui font valoir des raisons excellentes ou mauvaises, mais enfin des raisons à leurs yeux déterminantes, on a accusé les professeurs, les directeurs et les programmes.

L'administration de l'Agriculture s'est émue de ces critiques et a réalisé une réforme très sage évidemment. Elle a eu le dessein d'améliorer le fonctionnement des écoles pratiques. C'est l'objet même du décret dont nous parlions plus haut.

Personne ne saurait nier l'utilité d'un choix réfléchi et éclairé en ce qui concerne le directeur d'une école pratique ou les professeurs chargés de l'enseignement.

Le relèvement des traitements est surtout une mesure excellente parce qu'il permettra de conserver de bons directeurs et de bons maîtres sans qu'ils soient forcés d'aller ailleurs chercher une amélioration de leur situation.

Reste la question des programmes :

A l'heure actuelle la partie scientifique des programmes n'est point trop importante. Prenons comme type l'école pratique de Fontaines (Saône-et-Loire), l'une des meilleures et des mieux dirigées que nous connaissions [1].

Voici quels sont les cours professés :

_____

1. Le directeur est M. Raynaud, ancien élève de Grignon.

## Répartition des matières d'enseignement.

### COURS DE PREMIÈRE ANNÉE

Instruction morale et civique. — Langue française. — Géographie. — Arithmétique. — Dessin d'imitation. — Agriculture générale. — Génie rural. — Géologie et Minéralogie. — Zoologie et Botanique. — Physique et Météorologie. — Chimie générale. — Zootechnie générale et spéciale. — Horticulture et Arboriculture. — Exercices militaires.

### COURS DE SECONDE ANNÉE

Géométrie et Cubage. — Algèbre. — Arpentage et Nivellement. — Comptabilité agricole. — Dessin géométrique. — Croquis cotés. — Agriculture spéciale. — Viticulture. — Économie rurale. — Législation rurale. — Botanique appliquée (*Maladies des plantes*). — Zoologie appliquée (*Entomologie, Apiculture, Pisciculture, Sériciculture*, etc.). — Chimie agricole. — Technologie agricole. — OEnologie. — Extérieur et Hygiène des animaux domestiques (premiers secours). — Police sanitaire du bétail. — Horticulture et Arboriculture. — Exercices militaires.

En dehors des cours et conférences, le domaine de l'école est assez étendu pour permettre l'exécution des travaux pratiques.

Ce domaine comporte 30 hectares de cultures diverses, dont 6 en vignes, pépinières, jardin potager, fruitier et d'agrément, collections ampélographiques et autres. La ferme possède des écuries vastes et bien installées, ainsi qu'un matériel agricole et vinaire perfectionné, permettant d'initier les élèves au maniement des meilleures machines. Des expériences sont faites chaque année et poursuivies tant sur les engrais que sur les variétés de plantes de grande culture et sur les divers assolements.

Les élèves effectuent à tour de rôle, et selon un ordre établi, toutes les opérations que comporte la culture : « labours, hersages, binages et sarclages, fauchaison, moisson, pansage du bétail, entretien et réparation des instruments, conduite des attelages, défoncement, taille, greffage, traitement des maladies de la vigne, vinification, soins aux vins et à la futaille, etc., etc. ». Ces travaux pratiques sont effectués sous la direction du directeur et sous la conduite des chefs de pratique agricole, horticole et viticole. Ils donnent lieu à des notes comme les travaux théoriques.

Étudions maintenant l'emploi du temps pour les *deux* promotions, puisque la durée des études est de deux ans.

Par semaine, on consacre, à l'École de Fontaines :

33 heures aux études dans les salles d'étude ;

23 heures aux cours théoriques ;

11 heures aux applications des cours et aux exercices de laboratoire ;

29 heures aux travaux pratiques ou manuels.

Les travaux pratiques ou manuels et les exercices de laboratoire combinés avec les applications occupent 40 heures, alors que les cours théoriques n'en absorbent que 23 ; enfin, le nombre des heures d'étude ne s'élève qu'à 33.

La part faite à la « pratique » est donc encore fort belle.

Nous doutons que l'on puisse faire mieux.

A l'heure actuelle la partie scientifique des programmes n'est point importante. A peine est-elle assez complète et assez développée. Peu à peu, très lentement d'abord, puis rapidement dans quarante ou cinquante ans, les meilleurs, les plus intelligents agriculteurs comprendront la valeur, c'est-à-dire l'utilité d'un enseignement théorique joint à la technique manuelle. La presse agricole, et l'enseignement nomade des professeurs départementaux ou spéciaux amèneront un changement profond dans les idées du public agricole. Il faut pour cela qu'une génération succède à une autre.

Qu'on se garde surtout de multiplier encore les écoles pratiques, puisqu'elles sont déjà trop nombreuses.

Dans une étude sur l'enseignement agricole, M. Dehérain proposait, il y a quelques années déjà, de transformer quelques écoles primaires agricoles : « Il faudrait, disait-il, spécialiser l'enseignement, ne lui donner qu'une courte durée, et essayer de donner, en quelques mois, les notions précises immédiatement applicables à l'opération entreprise. » C'est là une excellente proposition.

Aux États-Unis, la plupart des écoles d'agriculture ont fondé des cours spéciaux de ce genre qui ne durent guère plus de six semaines ou deux mois. Ils se rapportent à la préparation des aliments destinés au bétail, à la fabrication du beurre et des fromages, etc. Nous pouvons suivre cet exemple.

Nulle part, croyons-nous, on n'a eu la pensée de découronner l'enseignement agricole, de le réduire à l'apprentissage d'une simple technique manuelle. Il est parfaitement inutile, et, partant, stérile, de fonder des écoles pour former des ouvriers agricoles. Remanier les programmes dans ce sens et supprimer la plupart des cours oraux, sous prétexte de ne pas faire des « déclassés », ce serait, selon nous, la plus fâcheuse réforme et la plus regrettable erreur.

« Mais, dit-on, les élèves des fermes-écoles ou des écoles pratiques aspirent à devenir des fonctionnaires ! »

Quel mal y a-t-il à cela s'ils doivent devenir effectivement de bons fonctionnaires? L'essentiel est de ne pas créer des fonctions inutiles, c'est-à-dire des *places* pour caser des jeunes gens recommandés par des « influences » locales.

Que l'on diminue le nombre des bourses de

façon à limiter les sacrifices de l'État, c'est fort bien ; mais nous ne pouvons sérieusement songer à les supprimer toutes. Il n'est pas admissible qu'un enfant exceptionnellement doué ne puisse pas, faute d'un peu d'aide, passer d'une école pratique dans une école régionale et aspirer à devenir un professeur ou un fonctionnaire.

C'est aux parents, c'est aux jeunes gens eux-mêmes qu'il appartient de ne pas s'engager à la légère dans une voie sans issue.

L'État n'a d'autre mission que de ne pas les pousser du côté des fonctions publiques par l'attribution mal réglée de bourses trop nom-breuses.

Pourquoi, d'ailleurs, les jeunes gens qui ont fait les meilleures études, conquis de haute lutte leurs diplômes et donné des espérances viennent-ils demander des places officielles ? Pourquoi cette *élite* ne trouve-t-elle pas tout naturellement sa place dans les cadres de l'armée agricole ? En un mot, pourquoi les débouchés font-ils défaut à ces hommes jeunes, actifs, instruits et qui ne demandent, quoi qu'on dise, qu'à rester ou à devenir des agriculteurs ?

Nous avons essayé d'en indiquer les raisons dans le premier chapitre de ce volume. A l'heure actuelle, l'industrie agricole n'offre pas des débou-chés à ceux qui ne possèdent pas un capital suffisant pour devenir des directeurs d'entreprise, des entrepreneurs de culture, fermiers ou propriétaires. Il n'y a pas de position intermédiaire entre celle de manœuvre et de chef d'exploitation. Dans l'industrie proprement dite, dans le commerce, on compte des ingénieurs, des directeurs, des administrateurs, des associés qui font seulement un apport de savoir et « d'industrie ». En agriculture, rien de pareil. Il faut posséder un capital d'exploitation pour être fermier. Le métayer doit lui-même disposer de quelques avances bien que le propriétaire lui fournisse presque tous les capitaux dont il a besoin. La plupart du temps les capitaux ne sont pas suffisants parce que le propriétaire est mal informé des nécessités de la culture et se refuse à consentir de nouvelles avances. Ces situations ne peuvent donc guère tenter les jeunes gens sortis des écoles primaires agricoles. C'est cela qu'il faut bien comprendre avant de s'étonner de l'insuccès — tout relatif d'ailleurs — des écoles pratiques.

Nous avons relevé, à ce propos, dans le dernier rapport du ministre de l'Agriculture, une phrase qui exige un commentaire.

« L'enseignement (des écoles pratiques) doit être suffisamment développé pour éclairer scientifiquement toutes les opérations culturales; les travaux pratiques doivent y tendre, non pas à faire de simples ouvriers, mais surtout des praticiens instruits, intelligents, capables de devenir de bons *régisseurs et de diriger une exploitation rurale avec habileté et profit*. »

Le ministre a parfaitement raison et l'on ne saurait tracer d'une façon plus raisonnable le programme des études dans une école pratique; mais, hélas! ce qui manque précisément aux élèves sortant des écoles d'agriculture — pratiques ou nationales — ce sont des situations de régisseurs ou de directeurs de culture. Ces positions sont rares, — très rares, — mal rémunérées, et la situation sociale faite à ces associés du propriétaire n'est pas en rapport avec les très légitimes exigences d'un homme actif, instruit et intelligent. C'est un *débouché* qui fait défaut aux élèves des établissements d'enseignement agricole parce que la plupart des propriétaires fonciers se désintéressent de leurs domaines et préfèrent les louer, — à des conditions quelconques, — plutôt que d'en confier la direction à des régisseurs associés. L'ignorance et l'incurie de la bourgeoisie française ont, pour cette raison, la plus déplorable influence sur la productivité du sol; elles interdisent tout espoir prochain de voir les élèves d'écoles pratiques ou autres trouver, dans la culture, des situations convenables et les occasions de rendre des services appréciés.

Quant à l'exploitation du sol, comme nous l'avons dit, elle exige des capitaux, et la plupart des jeunes gens n'en possèdent pas. Ils ne peuvent donc devenir ni propriétaires-cultivateurs ni fermiers.

Le manque de débouché, voilà surtout la raison de l'insuffisance numérique de la population scolaire des établissements d'enseignement agricole. Nulle réforme relative au personnel enseignant ou aux programmes ne saurait malheureusement améliorer cette situation. Ce sont les propriétaires fonciers — moyens et grands — qu'il faudrait instruire et convaincre.

## BIBLIOGRAPHIE

Décret du 19 janvier 1904 et rapport du ministre de l'Agriculture sur l'organisation et le fonctionnement des Écoles pratiques d'agriculture (*Journal officiel* du 20 janvier)

# CHAPITRE IV

L'association et l'agriculture. — Les transformations récentes
de l'industrie agricole et la nécessité des groupements nouveaux.
— Les agriculteurs et l'esprit d'association. — Le propriétaire est
l'associé et le commanditaire naturel du cultivateur. — Du danger des tendances actuelles de certains groupements professionnels agricoles. — La lutte contre la baisse. — Le relèvement des
prix par l'entente des producteurs groupés. — Exagération ou
injustice des attaques dirigées contre le commerce des grains.
— Dangers d'une coalition de producteurs ayant pour objet le
relèvement artificiel des cours.


C'est une question à la mode en économie
rurale, et elle paraît nouvelle parce que des conditions spéciales ont rendu aujourd'hui l'association plus utile et plus efficace. En réalité, l'inévitable transformation de l'industrie agricole a
provoqué la création de groupements noûveaux,
mais, en agriculture, l'association sous des formes
simples, avec ses modalités variées répondant à la
nature des choses, est vieille de bien des siècles.
Loin de répudier ces formes soi-disant surannées,
il faut les maintenir et les respecter, les corriger
parfois pour mieux les adapter au milieu qui a pu

se modifier, à certaines circonstances qui ont changé. Et c'est tout, à notre avis.

Voici donc les deux questions que nous voulons traiter tout d'abord :

Oui, des groupements nouveaux, des applications récentes du principe de l'association sont devenus nécessaires, mais c'est là une conséquence de la transformation rapide, depuis trente ans à peine, des conditions économiques et techniques de la production agricole.

En revanche, il est inexact que l'agriculture n'ait pas su utiliser jusqu'ici l'association. Elle a, au contraire, merveilleusement adapté cette dernière aux besoins spéciaux des hommes de la terre; les formes de cette association varient avec une extraordinaire souplesse selon les circonstances et les lieux. Au lieu de détruire et de bouleverser ces institutions séculaires qui tiennent à la nature des choses, il faut les étudier et y toucher avec des ménagements infinis.

Nous aborderons enfin l'étude d'un troisième problème parce qu'il est grave.

On cherche aujourd'hui à transformer les associations agricoles, et à les organiser pour la lutte économique contre le consommateur. — On veut créer des « trusts » agricoles, exercer une influence despotique sur le cours de certaines denrées, au moyen de la fixation d'un cours minimum, décrété par quelque conseil suprême irresponsable. L'industrie agricole serait amenée à imposer ses prix au consommateur pour servir des intérêts menacés.

C'est là, à notre avis encore, un abus et un danger. Il est bon qu'on le signale et nous allons nous expliquer à cet égard.

## I

Deux transformations récentes ont modifié profondément la technique agricole. Nous voulons parler :

1° De l'emploi des engrais minéraux ou industriels complémentaires ;

2° De l'usage de machines nouvelles.

A l'inverse de ce qui s'est passé dans l'industrie, l'outillage mécanique n'a pas une très grande importance en agriculture, ou du moins — car nous craignons d'être injuste — la machine ne joue pas un rôle capital comme dans l'industrie. C'est à l'aide d'une machine que l'on file, que l'on tisse, que l'on produit de la force et qu'on transforme cette énergie produite ; en un mot, dans l'industrie, la machine est très souvent l'agent principal, voire même l'agent unique de transformation.

Dans l'industrie agricole, l'outil ne joue pas le même rôle parce qu'il n'opère pas les transformations principales qui sont le but même de l'agriculture. Il n'y a pas de machine capable de fabriquer du blé, du chanvre, du lin, des betteraves à sucre ou des raisins. C'est la plante qui travaille, sous la direction du cultivateur, et qui élabore les matières alimentaires, ou industrielles, que l'agriculture a pour objet de produire. L'œuvre de l'outil ʃsə secondaire, bien qu'il faille reconnaître, et sans hésitation, toute son utilité. La machine à battre, la faucheuse, la moissonneuse, sont, en effet, utiles. Qui songerait à le nier?

Voilà pour la production végétale.

En ce qui concerne la production d'origine animale, le contraste n'est pas moins visible entre le rôle que joue la machine dans l'industrie et celui qu'elle remplit en agriculture. Les peaux, la laine, la soie, le lait, la viande, sont des produits que l'animal fabrique en vivant. Il n'y a pas d'outil mécanique qui puisse le suppléer — jusqu'à présent — dans cette tâche.

Quand il s'agit de produire des denrées d'origine animale, le rôle de la machine reste donc secondaire. L'animal est lui-même la machine que l'agriculture doit perfectionner. L'outil mécanique intervient seulement pour utiliser dans les meilleures conditions la force de l'animal, ou pour opérer une première transformation d'un produit déjà fabriqué. L'écrémeuse centrifuge, par exemple, sera très utile pour assurer la fabrication du beurre dans d'excellentes conditions.

Ces observations nous montrent que parmi les transformations récentes de la technique agricole l'usage des agents mécaniques perfectionnés n'a pas, à proprement parler, opéré une révolution.

Il y a lieu, toutefois, de tenir compte et grand compte des progrès de l'outillage agricole. On comprend dès lors l'intérêt que peuvent avoir les agriculteurs à s'en assurer l'usage, et nous allons faire voir dans un instant de quelle façon l'association peut faciliter à la fois la connaissance exacte et l'acquisition des machines nouvelles.

L'usage des engrais minéraux ou industriels complémentaires présente, en revanche, un intérêt capital. Ils exercent, en effet, une influence presque toujours rapide ou immédiate sur la composition du sol et par conséquent sur la nutrition des végétaux.

L'étude de leur action, de leur nature dans ses rapports avec la composition de la terre, des quantités à répandre, des combinaisons chimiques sous lesquelles on doit les employer, en un mot la science expérimentale de la fumure a exercé une influence décisive sur la production agricole.

L'usage des engrais qui complètent les éléments utiles du sol a opéré une véritable révolution dans la technique agricole. Il est, cependant, certain que nous venons à peine d'entrevoir la vérité à cet égard et que des progrès surprenants seront la conséquence prochaine d'une connaissance approfondie de l'emploi des matières fertilisantes.

Dès à présent les agriculteurs ont un intérêt majeur à se procurer les aliments des plantes — et pour cet objet l'association peut encore rendre des services signalés.

Expliquons maintenant le rôle de l'association en ce qui touche l'emploi des machines ou des engrais.

Une machine n'a d'importance et d'intérêt que si elle permet de réaliser une œuvre en réduisant les efforts et les dépenses. — Accroître le profit réalisé ou diminuer la peine prise à dépense égale, tel est le rôle économique de la machine. La plus parfaite, à un moment donné, est celle qui remplit ce rôle d'une façon plus satisfaisante.

Or, pour apprécier des machines agricoles, pour les comparer, pour démontrer les avantages économiques de leur emploi, il faut faire des expériences, des essais répétés, dont les cultivateurs isolés seraient incapables. C'est l'œuvre d'un effort collectif demandant à chacun un faible sacrifice. L'association rend ce service en se chargeant de cette œuvre. Ainsi, les syndicats désignent au choix de leurs adhérents les meilleures machines adaptées aux nécessités régionales de la culture, à l'étendue des exploitations rurales et aux ressources des cultivateurs.

En outre, pour obtenir des conditions de prix plus satisfaisantes, l'achat en gros, la solvabilité d'une société garantissant le paiement exact, rendent encore des services que seule l'association pouvait rendre.

Il y a plus. La valeur de quelques instruments est trop élevée parfois pour qu'un seul cultivateur puisse faire ce sacrifice. L'amortissement du capital engagé serait trop long aussi, car les machines agricoles, différant en cela des machines industrielles, ne sont utilisées que durant un court espace de temps. La charrue n'est en travail que pendant la saison des labours. La faucheuse et la moissonneuse ne servent qu'à couper l'herbe des prairies ou à faire la moisson. La machine à battre reste inactive pendant les trois quarts de l'année quand toutes les céréales ont été successivement égrenées. L'amortissement de l'outillage mécanique est donc lent et difficile en agriculture. Il devient presque impossible lorsque la dimension des exploitations est très faible.

L'association permet de grouper les petits cultivateurs qui achètent et utilisent en commun une machine coûteuse, comme une batteuse, son moteur et ses accessoires. On a organisé, en France, avec succès, des syndicats de battage mécanique qui rendent de grands services et qui devraient être multipliés.

Ces observations suffisent à nous prouver l'utilité du groupement professionnel lorsqu'il s'agit de l'emploi d'un outillage mécanique perfectionné.

Mais remarquons que ce groupement a été uniquement provoqué par la transformation *récente* de cet outillage. Les grands progrès réalisés dans la machinerie agricole datent de trente ou quarante ans. Il était inutile auparavant de s'associer pour essayer, étudier et apprécier des machines qui n'existaient pas. On ne doit donc pas s'étonner que les groupements professionnels agricoles dont nous venons de parler se soient constitués hier.

La même réflexion doit nous amener à la même conclusion lorsqu'il s'agit des engrais.

L'emploi raisonné et intelligent des matières fertilisantes minérales ou des résidus industriels date d'une trentaine d'années. Il y a cinquante ans, les praticiens les plus instruits étaient encore fort mal renseignés à cet égard. — Et, en effet, le problème à résoudre n'est pas seulement scientifique, il est surtout économique. Peu importe au praticien, à l'homme d'affaires qu'est l'agriculteur, que des engrais industriels répandus sur le sol augmentent la production brute. L'essentiel est de savoir si le développement de cette production aura pour conséquence l'accroissement des *profits* réalisés. Tout est là. Obtenir le maximum de profit avec le minimum de dépenses ou d'avances au sol sous forme de fumures, tel était le problème à résoudre, problème singulièrement complexe et difficile. Et ce problème, une fois résolu, il a fallu encore lutter contre les fraudes relatives à la teneur des engrais en principes fertilisants et faire connaître tout à la fois au public agricole les avantages des fumures nouvelles et les dangers qu'entraînait l'usage des mauvais engrais.

Comment un agriculteur isolé, ne possédant aucune instruction scientifique, ne soupçonnant pas les multiples transformations de la fraude, pourrait-il se prémunir contre les dangers qu'elle présente?

Comment pourrait-il acheter avec sécurité et à bon marché si une association ne venait pas l'aider en exigeant des garanties de dosage, en passant des marchés importants à des prix minima? Enfin, comment adapter les formules d'engrais minéraux simples et composés à la nature du sol, aux exigences des plantes si l'on n'a pas recours à des expériences, à des essais qui ne peuvent pas être l'œuvre d'un seul parce qu'ils entraînent des frais et que la divulgation de leurs résultats est, à elle seule, une source de dépenses?

Tout cela ne peut être que le résultat des efforts collectifs tels que l'ont été ceux de nos syndicats agricoles. — D'un autre côté, ceux-ci auraient-ils offert le même intérêt et pris le même développement si ces organes n'avaient pas eu leur fonction propre?

Il fallait, d'autre part, que l'emploi des engrais fût utile et leur efficacité au moins connue pour que les cultivateurs eussent besoin de s'en procurer.

En cette occasion, l'association est la conséquence de transformations récentes dans la technique agricole. Il y a cinquante ans, elle eût été sans objet.

Tout ce que nous venons de dire à propos des machines et des engrais reste vrai pour les autres transformations qu'ont entraînées des découvertes scientifiques contrôlées par l'expérience, utilisées par les praticiens. De même qu'on peut agir sur la production végétale en complétant le sol à l'aide des engrais, on peut également atteindre le même but en sélectionnant des semences, et à ce sujet nous sommes encore mal renseignés. Ce sera l'œuvre du temps, et combien féconde! — La lutte contre les parasites et les maladies cryptogamiques est aujourd'hui à ce point victorieuse que nous avons reconstitué notre vignoble presque détruit et que nous le préservons contre des ennemis microscopiques dont les ravages correspondraient sans cela à de véritables désastres.

Cette lutte nécessite encore des groupements spéciaux pour étudier les maladies reconnues, se procurer les instruments et les matières servant aux traitements, divulguer les méthodes à recommander.

Au point de vue si intéressant de la production animale, la nécessité de l'action collective est aujourd'hui certaine, mais elle a été imposée par l'adoption des méthodes nouvelles. L'achat en commun des aliments que fournit l'industrie est en même temps la conséquence des progrès de la physiologie, du développement de l'industrie dont l'animal consomme utilement les résidus, et de l'abaissement des frais de transport.

L'amélioration de nos races d'animaux par la sélection ou le croisement est également récente; elle nécessite l'intervention de nouvelles associations ayant pour objet l'achat et l'usage de reproducteurs, la création de livres généalogiques, la publication des résultats d'expériences sans cesse renouvelées.

Jusqu'ici nous avons vu que l'association se bornait à conseiller, à protéger des cultivateurs isolés, à leur fournir dans de bonnes conditions des moyens de production. Il n'était pas question de la production en commun.

Des transformations et des progrès récents rendent la production coopérative indispensable. L'exemple le plus frappant est celui des laiteries-beurreries.

Nos petits cultivateurs fabriquent, en général, du mauvais beurre qui se vend mal. Pourquoi cela? — Parce qu'ils ne produisent pas journellement, dans leur petite exploitation, avec quelques vaches laitières, une quantité suffisante de lait, et par conséquent de crème. Le barattage se faisant à intervalles trop éloignés, la crème rancit et le beurre est mauvais. On aurait pu obvier à cet inconvénient en se groupant pour réunir sur le même point une masse de lait suffisante. On eût manqué toutefois d'instruments mécaniques assez puissants pour opérer rapidement l'écrémage et le barattage. La découverte très importante de l'écrémage centrifuge vient résoudre le problème. La fabrication du beurre devient une industrie scientifique. En même temps qu'on révolutionne les antiques méthodes d'écrémage, on étudie la question des fermentations qui se lie à celle des aromes et des méthodes de conservation.

Désormais, pour fabriquer de bon beurre il faudra un outillage spécial et coûteux, des directeurs instruits. La fabrication individuelle est condamnée. On la verra disparaître.

Les cultivateurs se groupent, installent une

laiterie-beurrerie à frais communs ou avec quelques capitaux empruntés et chacun envoie ou apporte son lait qui est travaillé à l'usine. Le produit net de la vente est réparti proportionnellement, soit à la quantité de lait fournie, soit à la teneur de ce lait en matière grasse, ce qui est mieux encore.

Mais comment comprendre l'installation d'une laiterie coopérative avant la découverte de l'écrémage centrifuge?

C'est encore ici une circonstance spéciale et ce sont des transformations techniques nouvelles qui expliquent la création d'un organe nouveau, d'une forme spéciale de l'association.

Voici, enfin, une application toute récente du principe de l'association; nous voulons parler de l'étude des marchés et de la vente en commun. On a fait à cet égard des efforts très remarquables et obtenu d'excellents résultats.

Les syndicats de vente sont donc utiles, et l'action collective des producteurs aura les plus heureux effets. Mais, il y a trente ans, aurait-on pu songer à organiser la vente à l'étranger des fruits, des légumes, du beurre, etc.? Évidemment non. Les moyens de transport étaient insuffisants. La vente en commun est devenue possible lorsque le rayon d'approvisionnement des centres de population s'est étendu. En même temps, la spécialisation des productions, qui est la division du travail en agriculture, s'est développée sous l'influence des mêmes causes que l'extension du rayon d'approvisionnement des grandes villes. Ce sont les transformations des moyens de transport — leur rapidité et leur bas prix — qui ont créé une situation économique nouvelle et provoqué la constitution de groupements professionnels nouveaux. Tout cela est de date récente.

En examinant, maintenant, le problème financier qui doit recevoir une solution nouvelle, nous sommes amenés à parler de l'action collective, au point de vue du crédit. Les transformations de la technique agricole, c'est-à-dire l'usage des machines et des engrais, des résidus industriels pour le bétail, ont rendu nécessaire l'augmentation du capital d'exploitation et notamment des capitaux circulants tels que les matières fertilisantes ou les aliments destinés aux animaux.

On a songé au crédit. Le cultivateur ne fait pas usage du crédit parce qu'il n'achète pas pour revendre, comme le commerçant, et surtout parce qu'il vend toujours au comptant.

D'autre part, les transformations industrielles de l'agriculteur sont à la fois plus incertaines et plus longues que celles de l'industriel proprement dit. L'industriel ne demande pas, d'ailleurs, au crédit de lui fournir son outillage ou la totalité de son fonds de roulement. Il s'adresse pour cela à des actionnaires ou à des commanditaires.

On a pensé, cependant, que le cultivateur pouvait acheter à crédit, ou emprunter un certain fonds de roulement, tout en continuant de vendre au comptant.

Il s'agissait de trouver des prêteurs, de faire l'éducation de l'emprunteur lui-même — tâche très délicate, car il fallait lui démontrer, non seulement la possibilité, mais surtout l'*utilité* de l'emprunt.

Ici encore, l'action collective est née d'un besoin nouveau. Nos sociétés de crédit mutuel agricole ont répondu précisément à ce besoin.

Ces organes, encore imparfaits, trop peu nombreux, rendent des services et en rendront plus encore. Nous le croyons fermement. En tout cas, il est visible que leur création a été provoquée par des transformations techniques ayant comme conséquence des transformations économiques.

Nous ne consacrerons pas un chapitre spécial à l'œuvre des syndicats agricoles et des associations de toutes sortes qui ont été fondées en France depuis quinze ans. Cette étude a été faite maintes fois et il est inutile de revenir sur ce sujet.

Personne ne songe à nier le mérite de ces groupements. Beaucoup de personnes croient, en revanche, que notre agriculture se fût développée plus rapidement depuis longtemps si l'œuvre des syndicats agricoles avait été entreprise depuis un plus long temps. C'est là une erreur.

Les syndicats agricoles, les sociétés coopératives de production, les sociétés de crédit ont répondu à un besoin nouveau. A une époque où les besoins n'existaient pas, la législation actuelle applicable aux groupements professionnels n'aurait pas déterminé la formation d'une seule association agricole — pas plus que le vote d'une loi sur les sociétés commerciales anonymes n'aurait provoqué la formation d'une société de ce genre avant le moment où il est devenu nécessaire de faire appel au grand public. Et cet appel n'est devenu nécessaire que le jour où les transformations de l'outillage industriel ont rendu indispensable le groupement d'énormes capitaux appliqués à une même œuvre.

Cela est si vrai, que des associations agricoles très nombreuses se sont formées, il y a près d'un siècle, quand elles répondaient à un besoin. Telles sont les fruitières de la Franche-Comté. Ces fruitières ne sont que des sociétés coopératives ayant pour objet la fabrication des fromages qu'un seul cultivateur ne peut pas obtenir en utilisant le lait de ses vaches.

Ces fruitières existaient dans les montagnes du

Jura dès le milieu du xvii<sup>e</sup> siècle [1]. Elles se développèrent si rapidement qu'un arrêt du Parlement en date du 19 novembre 1654, avait interdit la fabrication du fromage de Franche-Comté, sous prétexte que la vente s'effectuait en gros, en dehors de la province, au grand préjudice du pays.

C'est là un exemple frappant de la multiplication rapide d'une association répondant à un besoin.

Dans les Landes, bien avant la loi du 4 juillet 1900, qui autorise les syndicats à fonder des sociétés d'assurances mutuelles, les cultivateurs constituaient des associations contre la mortalité du bétail. Des besoins locaux avaient sans nul doute déterminé la création d'un organe spécial ayant une utilité reconnue par tous.

Il nous paraît, d'ailleurs, inutile d'insister. Le titre même de ce chapitre a été justifié; ce sont bien les transformations récentes de l'industrie agricole qui ont rendu nécessaires des groupements nouveaux.

---

1. Lire à ce sujet un ouvrage très intéressant sur les laiteries coopératives, par M. P. Tiéfaine. Lille, 1901, chez Camille Robbe.

## II

« Les agriculteurs n'ont pas su, jusqu'ici, faire usage de l'association. » — Pour démontrer cette prétendue vérité, les esprits superficiels croient suffisant de signaler l'isolement du cultivateur et de s'opposer aux manifestations de l'esprit d'association dans le commerce et l'industrie.

Dans les campagnes, nous ne trouvons jamais qu'un entrepreneur de culture à la tête d'un domaine. Ailleurs, les sociétés commerciales ou industrielles sont légion ; elles ont été, par excellence, l'instrument de puissance et de progrès — puissance obtenue par un groupement intelligent de capitaux, progrès acquis grâce au concours d'aptitudes diverses réunies en un faisceau et assurant le succès d'une même œuvre.

Ces observations superficielles et ce contraste apparent entre l'agriculteur et les autres industriels ne sauraient nous prouver que l'agriculture n'a pas su faire usage jusqu'ici de l'association et bénéficier de ses avantages.

Il est clair, tout d'abord, qu'il existe une foule de commerçants ou d'industriels petits et grands qui n'ont pas fondé de sociétés et sont restés seuls à la tête de leurs maisons. C'est l'évidence même pour ceux qui savent regarder autour d'eux et observer les faits.

A ce groupe nous pouvons donc comparer notamment le bataillon des petits propriétaires cultivateurs qui vivent sur leurs biens et pratiquent le faire-valoir direct.

Il reste à savoir pourquoi les autres cultivateurs tels que les fermiers et les métayers n'ont pas constitué des sociétés analogues ou comparables aux sociétés de commerçants et d'industriels. Ils auraient pu, semble-t-il, réunir des capitaux plus considérables qu'en restant isolés ; et s'ils ne l'ont pas fait c'est que l'esprit d'association leur a *toujours* manqué. Nous disons *toujours*, et avec intention, car cet isolement apparent du cultivateur fermier ou métayer pourrait être opposé depuis bien des siècles aux associations commerciales ou industrielles.

Eh bien! il est inutile de chercher pourquoi les fermiers et les métayers n'ont pas constitué des sociétés agricoles d'exploitation analogues aux associations de commerçants et d'industriels. La raison en est fort simple et la voici : ces sociétés existent déjà ; elles existent depuis bien des siècles et par conséquent il était inutile de les former de nouveau. Ces sociétés existent, disons-nous, et nous allons le prouver.

Pour cultiver le sol, il faut disposer de deux

choses; 1° d'un domaine; 2° d'un capital de culture. Tout fermier — pour commencer par ce cultivateur — possède un capital de culture, c'est-à-dire des animaux de trait, des troupeaux, des semences, des instruments aratoires, un mobilier de ferme et des avances en argent ou en nature : aliments pour le bétail, denrées de consommation pour sa famille et son personnel, argent liquide.

Que manque-t-il à ce fermier pour pouvoir cultiver? Il lui manque le domaine! Pour se le procurer il a deux moyens. Emprunter l'argent nécessaire à cette acquisition; *ou bien louer, c'est-à-dire, en somme, emprunter le domaine lui-même.* C'est à cette dernière opération financière qu'il a recours. Il emprunte le domaine lui-même au lieu d'emprunter la somme d'argent nécessaire pour l'acquérir; il loue la ferme au lieu de « louer » des écus. Nous savons qu'on nous dira que c'est là une expression vicieuse et qu'on ne « loue » pas de l'argent. Soit; mais nous répondrons qu'il est permis de ne pas être dupe des mots. Le prêt à intérêt n'est pas autre chose qu'un contrat de louage de choses; entre l'intérêt des sommes d'argent et le prix de location d'un meuble ou d'un immeuble il n'y a pas de différence essentielle au point de vue *économique*. Si l'intérêt des sommes d'argent est même considéré aujourd'hui comme parfaitement légitime, c'est que l'argent sert précisément à acquérir des capitaux dont l'usage comporte des revenus, des profits, ou donne lieu à la perception de ce que l'on appelle des « fruits ».

Notre cultivateur fermier emprunte donc, ou, plus exactement, il loue un domaine.

Son propriétaire est un bailleur de fonds; un commanditaire qui fait un certain apport et touchera une part des profits. Pour simplifier les choses, pour éviter toute discussion, pour laisser surtout à l'entrepreneur de culture sa pleine liberté d'action sans ingérence du commanditaire dans l'administration du domaine, il a été convenu que cette part de profits serait fixée à forfait. Elle est représentée soit par une somme déterminée, soit par une quantité fixe de denrées. C'est précisément le fermage ou le prix du fermage.

Remarquons tout de suite quelle est l'importance exceptionnelle de cette commandite du propriétaire. Le fermier ne fait jamais qu'un apport relativement faible en comparaison de la valeur du domaine qu'on lui confie. Le capital de culture représente, en règle générale, le quart ou le cinquième de la somme que vaut une exploitation rurale. Avec un capital de 50 000 francs, tout fermier peut louer un domaine valant de 200 000 à 250 000 francs! Le cultivateur *isolé* apporte 1,

mais il trouve immédiatement un associé ou un
commanditaire — le propriétaire foncier — qui
fait un apport égal à 4 ou à 5. Voilà ce qui se
passe réellement depuis des siècles ; voilà ce qui
se passe tous les jours sous nos yeux sans que
nous prenions, il est vrai, la peine de le remarquer. Et combien compte-t-on, en France, de ces
associations spéciales essentiellement agricoles?
On en compte autant qu'il y a de fermes, c'est-à-
dire plus d'un *million*. Remarquons, en outre,
que le fermier emprunte *facilement* et à un taux
très peu élevé. Il emprunte facilement, car la
location des domaines est une opération courante,
traditionnelle, dont les clauses sont connues
d'avance. Le fermier emprunte à très bon compte,
parce que les risques courus par le prêteur ne
sont pas grands. Une somme d'argent se dissipe ;
un domaine ne disparaît pas. Le taux d'intérêt des
placements immobiliers dans les campagnes
atteint à peine 3 p. 100 ; et c'est à ce taux qu'un
fermier trouve à emprunter les trois quarts ou les
quatre cinquièmes des capitaux dont il a besoin
pour exercer son industrie.

Quel est le commerçant ou l'industriel qui
trouve des prêteurs disposés à lui faire de
pareilles avances aux mêmes conditions, soit en
argent, soit en nature? Quel est l'associé ou le
commanditaire qui se contentera d'une part de

profit égale à 3 p. 100 des capitaux confiés par lui à son coassocié ou à son commandité?

C'est précisément parce qu'il ne trouve pas à côté de lui un associé lui remettant un magasin tout fourni de marchandises, une usine tout outillée, c'est à cause de cela que le commerçant ou l'industriel est forcé de constituer une société spéciale avec des capitaux dont le loyer dépassera largement 3 p. 100.

Et c'est enfin parce que la nature des choses a fait du propriétaire foncier un associé excellent, un commanditaire sans exigence que le fermier n'a pas eu besoin de chercher d'autre associé ou d'autre commanditaire.

Tout ce que nous disons du fermier est encore plus exact en ce qui touche le métayer. Ce dernier est si bien l'associé du propriétaire que ces deux personnes administrent en commun. Dans le silence des conventions, le propriétaire — le « maître », comme disent nos campagnards — est même en droit de diriger effectivement la culture. Quant aux récoltes, elles se partagent en nature, au moins en ce qui concerne les récoltes principales.

L'association est, dans ce cas, tellement avantageuse au cultivateur qu'il n'apporte parfois que ses aptitudes, ses connaissances, son travail et son honnêteté. L'apport du propriétaire n'est pas

constitué seulement par le domaine lui-même,
mais encore par les 3/4 ou les 9/10 du capital de
culture. A quoi bon chercher un autre associé
que le propriétaire?

En résumé, n'est-il pas certain que l'agriculture a fait usage de l'association, et, en analysant
les faits, ne voyons-nous pas combien les applications de ce principe de coopération ont été générales, nombreuses et fécondes depuis des siècles?

Peut-on faire mieux? Assurément, mais à la
condition de respecter ce qui est et non de le
bouleverser.

Dès à présent, il existe une étroite solidarité
d'intérêt entre les associés qui se nomment
fermiers, métayers ou propriétaires fonciers.

Qu'on se garde bien de la rompre. Si le cultivateur est utile, et cela est évident, le propriétaire ne l'est pas moins. Il représente et garantit
des intérêts permanents, ceux du domaine lui-
même dont il surveille l'exploitation pour qu'on
n'en diminue pas la fécondité et par conséquent
la valeur par une mauvaise culture.

Le propriétaire — le *bon propriétaire s'entend*
— ne se contente pas de conserver et de défendre
le domaine contre les abus de jouissance de ses
locataires : il améliore, c'est-à-dire qu'il accroît
par des constructions, des irrigations, des drainages, des réunions de parcelles, des plantations,

la productivité du sol ou les profits attachés à sa culture.

Que faudrait-il faire pour que le propriétaire remplît toujours ce rôle ou aidât le cultivateur à le remplir s'il ne pouvait s'en charger lui-même ? Il faudrait éclairer ce propriétaire et lui prouver qu'il pourrait être encore un associé plus généreux, plus libéral, sans sacrifier ses intérêts, bien au contraire. On compte en France un million de fermes et 350 000 métairies. Il n'existe peut-être pas 200 000 exploitations dont le revenu ne pourrait pas être accru par des améliorations intelligentes ou une augmentation du capital de culture. Les propriétaires ne sont pas tous capables de comprendre cette situation. Ils conservent, ils réparent, ils améliorent presque tous ; mais, que de progrès encore restent à réaliser ! Pour cela la collaboration du tenancier et du propriétaire est indispensable. Il faut que ces deux associés tombent d'accord sur tous les points.

C'est folie que de demander à un propriétaire des dépenses nouvelles si l'augmentation du prix de fermage ou des redevances en nature ne doit pas amortir ce capital ou en constituer l'intérêt à un taux avantageux. Ce n'est pas un acte de générosité que l'on doit demander au propriétaire ; c'est une affaire qui sera débattue entre deux associés. Il s'agit d'augmenter le capital social, ou le chiffre de la commandite, en vue des avantages que l'on doit retirer de ce nouveau contrat. Sans doute cet accord sera difficile, mais les tenanciers intelligents solliciteront leurs propriétaires quand ils seront eux-mêmes persuadés des avantages que peut présenter une amélioration foncière ou une avance de fonds sous forme de *bétail*, par exemple. Dans la plupart des exploitations agricoles, sauf dans le Midi, les animaux représentent près de la moitié du capital de culture. Rien ne s'oppose à ce que le propriétaire fournisse, par un apport nouveau, un cheptel de bétail qui devient immeuble par destination. Sous cette forme, le contrat d'association a un caractère traditionnel. C'est par milliers que l'on comptait, autrefois, les domaines dans lesquels le propriétaire louait un troupeau en même temps que la terre.

Le cultivateur n'étant plus obligé d'immobiliser ou de placer momentanément, sous forme de bétail, une moitié de ses capitaux, aura des ressources pour réaliser des améliorations *culturales*.

C'est une modalité particulière du crédit qui doit rendre à notre avis les plus grands services dans les campagnes. Elle a le mérite de rassurer le propriétaire dont les avances sont représentées par un troupeau qui se renouvelle et ne disparaît pas comme pourrait le faire une somme d'argent. D'ailleurs, avec l'organisation actuelle des caisses d'assurances mutuelles contre la mortalité du bétail, les pertes à subir ne seraient que minimes en cas d'épizootie ou d'accidents.

Bien entendu nous n'avons pas la prétention de traiter cette question avec tous les développements qu'elle comporte.

Il nous paraît démontré, et c'était là notre intention, que l'agriculture a depuis longtemps fait usage de l'association.

Pourquoi, cependant, les agriculteurs ne se groupent-ils pas pour constituer des sociétés *d'exploitation* avec des capitaux puissants? — Pourquoi ne voit-on pas des fermiers s'associant pour louer en commun un domaine, ou empruntant à des tiers la somme dont ils ont besoin? — Voici, croyons-nous, la raison de l'isolement tout relatif des entrepreneurs de culture agissant pour leur compte sans autre associé que le propriétaire.

Dans le commerce, on peut avoir besoin de constituer une société puissante pour faire des achats avantageux à un moment donné, accorder aux acheteurs des délais de paiement, multiplier les opérations sur des points différents, ce qui suppose encore des avances considérables.

Dans l'industrie, il en est parfois ainsi. La métallurgie, la construction des machines, les filatures, les tissages, supposent des installations coûteuses, l'achat d'un outillage ayant une grande valeur, des avances de matières premières, de combustible, de salaires, des crédits au moment des ventes, etc. Pour les entreprises de chemins de fer ou de navigation, la constitution de sociétés très puissantes est également indispensable. Il faut disposer au même moment de plusieurs millions ou de plusieurs centaines de millions! Les transformations ou révolutions toutes récentes de la technique moderne industrielle ont imposé le groupement de gros capitaux — dans certaines industries tout au moins.

Les grosses usines et les grandes manufactures permettent, en outre, de réaliser des économies au point de vue de l'utilisation de la force motrice, de la surveillance, et de la direction générale. Les ateliers et les services sont groupés sur un même point.

En agriculture ce groupement n'est pas possible; l'importance d'un domaine varie avec son *étendue*. Si l'on augmente cette surface, la surveillance doit être confiée à des agents nombreux et coûteux. D'autre part, le transport des engrais, des récoltes, les allées et venues du personnel ou des animaux de trait employés aux façons culturales exigent impérieusement que le centre de la ferme, c'est-à-dire les bâtiments, granges, écuries, étables, logements divers, ne soient pas situés à une trop grande distance des terres cultivées. Si la surface de ces dernières augmentait, au delà de 400 ou 500 hectares, il faudrait constituer des centres d'exploitations différents, c'est-à-dire morceler un grand domaine en plusieurs fermes.

Cette division de la culture est précisément celle que l'on observe aujourd'hui.

En outre l'outillage mécanique agricole ne saurait être comparé, au point de vue de sa valeur, à la machinerie industrielle. C'est la terre qui représente la machine agricole coûteuse entre toutes. Or le propriétaire la loue à si bon compte qu'il est inutile d'emprunter pour l'acheter. L'agriculteur a besoin de matières premières telles que des engrais industriels, et des aliments pour le bétail. Mais l'importance relative de ces matériaux ne saurait être comparée à celle de la laine, de la soie, ou du coton dans une filature ou une manufacture de tissage. Dans une ferme, les aliments des plantes sont contenus dans le sol, et c'est le sol, à son tour, qui fournit les matières dont le bétail opérera la transformation en *produits*.

Le bétail représente une autre machine qui a une valeur considérable; c'est certain, mais l'on ne saurait réunir sur un même point plus de têtes de bétail que l'étendue des terres exploitées ne permet d'en nourrir, et nous avons vu que cette surface cultivable ne peut être indéfiniment augmentée. Elle est fixée par la nature des choses, et le capital-bétail ne doit pas être assimilé au capital-machine d'une usine.

A l'heure actuelle un capital d'*exploitation* de 1 000 à 1 200 francs par hectare est largement suffisant dans les situations où le fermier doit disposer de très puissants moyens d'action sur des terres fertiles, ayant une grande valeur, et comportant la culture des plantes industrielles. L'étendue d'une ferme ne peut, d'autre part, dépasser 400 ou 500 hectares sans les plus graves difficultés. Le capital de culture d'un fermier ne dépasse donc pas 500 à 600 000 francs, et ce sont là des situations *exceptionnelles*.

On ne compte peut-être pas en France 100 fermiers dont le capital d'exploitation atteigne 1 million de francs. Encore s'agit-il *toujours* de fermes auxquelles sont annexées des distilleries ou des féculeries.

Voilà pourquoi les cultivateurs n'ont pas éprouvé le besoin de s'associer pour cultiver en commun. C'est la raison la plus décisive à notre avis. L'*exploitation* du sol n'exige pas de gros capitaux.

En outre, dans chaque région, les propriétaires ont proportionné soigneusement l'étendue de leurs fermes aux ressources de leurs locataires. C'était le seul moyen de louer leurs domaines et d'en obtenir le plus haut prix possible de location. — L'association devenait inutile pour les locataires puisqu'ils trouvaient des exploitations d'une surface en rapport avec le capital de culture dont ils disposaient. En cette circonstance encore, le propriétaire a été un associé intelligent et utile. Il a proportionné l'importance de son apport aux besoins du cultivateur.

Cette adaptation si curieuse des conditions de l'association aux circonstances et au milieu économique était imposée par la nécessité. La richesse du cultivateur se trouve liée à la productivité du sol et à l'espèce des récoltes qu'il peut porter. Toutes ces conditions spéciales sont imposées par la nature des terres. Voilà, en dernière analyse, le secret et l'origine de la variété presque incroyable des accords survenus entre propriétaires et tenanciers. Voilà pourquoi, en France, dans les mêmes régions agricoles, nous retrouvons, *sur les mêmes sols*, les mêmes modes de tenure, la même étendue des fermes, de même qu'on retrouve les mêmes productions sauf les différences inévitables dues au climat, à l'existence de quelques grands centres de population ou à des moyens de communication qui ont ouvert des débouchés et déterminé une spécialisation des cultures.

Prétendons-nous conclure que tout est immuable et que l'on ne peut pas concevoir autre chose que ce qui est? En aucune façon. L'association est déjà pratiquée en agriculture ; elle résulte d'un accord existant depuis bien des siècles entre le propriétaire et les tenanciers. Mais, tout d'abord, on peut et l'on doit modifier les termes de cette convention lorsque les conditions économiques viennent à changer. C'est déjà là une innovation. Elle ne détruit pas l'association séculaire dont nous parlons ; elle la conserve et la rend plus solide, au contraire, et plus durable.

En outre, pourquoi ne concevrait-on pas d'autres modes d'association que le fermage et le métayage tels qu'ils sont pratiqués. Au cultivateur isolé rien n'empêche de substituer une société d'exploitation représentée par un directeur de culture intéressé. Rien ne s'oppose également à ce que plusieurs propriétaires fondent une société de ce genre pour faire cultiver simultanément plusieurs exploitations sous la direction d'un ingénieur agricole. De pareilles sociétés, groupant des capitaux importants, pourraient se livrer à des améliorations foncières et culturales, fonder des laiteries, des fromageries, des distilleries, des féculeries, fabriquer certains produits industriels comme le lait concentré, pratiquer l'élevage et l'engraissement. Rien de mieux, et nous sommes étonné que des propriétaires intelligents n'aient pas songé à des opérations de ce genre au moment où la crise agricole vient diminuer leurs revenus.

Néanmoins, la forme traditionnelle et séculaire de l'association agricole, celle qui existe entre propriétaires et locataires ruraux, persistera parce qu'elle rend d'inappréciables services. — Il n'est pas permis, en tout cas, d'en nier l'existence et d'en oublier les avantages.


## III


Nous venons de voir que les associations agricoles s'étaient constituées au moment où la nécessité de leur action était devenue visible. Ce sont, avons-nous dit, des progrès récents, des transformations nouvelles de la technique agricole ou du milieu économique qui expliquent la naissance et le développement des associations agricoles. Nous aurions pu ajouter que la crise dont on a si souvent parlé n'a pas été étrangère à ce mouvement.

L'association est devenue une arme indispensable pour lutter contre les difficultés nouvelles résultant de la baisse du prix des principaux produits agricoles.

Comment cette baisse des prix a-t-elle déterminé une crise redoutable; de quelle façon a-t-on cherché, tout d'abord, à organiser la lutte ; pourquoi les associations agricoles tendent-elles, aujourd'hui, à changer de but et de rôle pour se proposer d'agir sur les prix et d'en élever artificiellement le niveau ? — Tels sont les trois points sur lesquels nous allons successivement insister.

*La baisse des prix et la crise agricole.* — Il est certain que beaucoup de produits agricoles ont subi, depuis vingt ans, une baisse considérable.

Le prix des céréales a notamment fléchi avec une extraordinaire rapidité. Le froment, dont il a été si souvent parlé à ce propos, vaut de 15 à 16 francs l'hectolitre tandis que les cours s'élevaient à 22 francs avant 1880. Durant la même période, la baisse atteint :

25 p. 100 pour le seigle ;
21 p. 100 pour l'orge ;
23 p. 100 pour le sarrasin ;
18 p. 100 pour le maïs ;
12 p. 100 pour l'avoine.

Or, les céréales représentent une fraction très importante du produit agricole, le quart ou le cinquième, pour l'ensemble de la production française, mais parfois la moitié dans les régions du nord de la France.

D'autre part, le prix des autres produits végétaux de grande culture s'est abaissé ; la culture de la betterave est moins rémunératrice en raison de la diminution du prix des sucres; le vin, produit en abondance depuis que nos vignobles sont reconstitués, a subi une baisse considérable. Seuls les produits d'origine animale sont restés cotés à des cours voisins de ceux qu'on relevait il y a quinze ou vingt ans.

Comment la baisse très marquée de la plupart des produits agricoles a-t-elle provoqué une crise?

Pour l'expliquer il suffit d'étudier l'action exercée par les variations des cours sur les recettes brutes et les profits. C'est, en effet, la diminution des profits réalisés dans la culture qui a provoqué ce que l'on nomme une *crise*. Or, voici de quelle façon les profits ont été réduits par la baisse des prix.

Dans une exploitation agricole dont nous connaissons la comptabilité, les recettes étaient ainsi constituées il y a vingt ans :

|  | Francs. |
|---|---|
| Froment (1 300 quintaux à 30 fr.)..... | 39 000 |
| Seigle (100 quintaux à 18 fr.).......... | 1 800 |
| Recettes diverses..................... | 24 570 |
| Total ..................... | 65 370 |

Les dépenses de toutes sortes s'élevaient à 51 500 francs, et les profits atteignaient le chiffre de 13 870 francs représentant la différence entre les recettes et les dépenses.

Quelques années après, le froment ne vaut plus que 22 francs le quintal au lieu de 30 francs ; le seigle 15 francs au lieu de 18.

Immédiatement les recettes brutes sont affectées par la baisse des principaux articles de vente, et cependant les dépenses sont restées les mêmes. Dans ces conditions les profits sont donnés par la différence entre les dépenses et les recettes suivantes :

|  | Francs. |
|---|---|
| Recettes | 54 670 |
| Dépenses | 51 500 |
| Profits | 3 170 |

Les bénéfices s'élevaient primitivement à 13 870 francs ; ils tombent à 3 170 francs et diminuent ainsi de 77 p. 100. Ce désastre correspond à une baisse de prix qui atteint 26 p. 100 et 16 p. 100 pour le froment et le seigle ! Il est vrai que ces deux produits représentaient, à eux seuls, 62 p. 100 des recettes brutes. Dans toutes nos régions à céréales des faits semblables ont provoqué une crise, et celle-ci a été d'autant plus grave que les céréales constituaient une part plus importante du produit brut. Ce que nous disons pour les céréales est également vrai pour les autres denrées, et les profits ont diminué avec une extraordinaire rapidité, toutes les fois que le prix de ces denrées a subi une baisse *même légère*. Il est, en effet, très important de constater que la réduction des profits est bien plus considérable relativement que la diminution de prix des produits.

Nous avons vu tout à l'heure qu'une baisse de 26 p. 100 sur le blé et de 16 p. 100 sur le seigle avait provoqué une réduction de 77 p. 100 sur le montant des profits. D'autres exemples ne feraient que confirmer cette règle, et, d'ailleurs, une démonstration purement théorique montre clairement la répercussion immédiate d'une baisse rapide des prix sur le chiffre des profits.

Supposons les recettes égales à 100 et les dépenses s'élevant à 80. Les profits seront représentés par $100 - 80 = 20$. Une baisse de prix de 5 p. 100 réduit les recettes à 95 et si les dépenses restent constantes, les profits tombent à $95 - 80 = 15$; ils ont diminué de 25 p. 100.

Ces calculs expliquent la *généralité* et la *soudaineté* de la crise agricole. Une légère diminution du cours des *principaux produits destinés à la vente* a immédiatement réduit les profits culturaux dans une proportion considérable.

Il fallait, évidemment, triompher de ces difficultés et prévenir des ruines inévitables. Deux moyens, notamment, permettaient de résoudre ce problème si difficile et si grave : 1° il était nécessaire de développer la production sans accroître parallèlement les frais de culture; 2° il fallait réduire les dépenses. — Ces deux solutions paraissent inconciliables puisque l'on ne peut accroître la production sans faire des dépenses nouvelles. En réalité, il n'en est rien. — La réduction des dépenses peut porter sur le loyer du sol, et sur les frais de main-d'œuvre. La première est imposée au propriétaire, la seconde n'est nullement inconciliable avec la fixité des gages ou des salaires.

Il suffit, pour réduire la main-d'œuvre, de modifier les systèmes de culture et de développer l'outillage mécanique. Quant aux dépenses de semences et d'engrais nécessaires pour accroître économiquement la production, elles sont compensées par une augmentation supérieure des recettes.

L'action des groupements professionnels agricoles n'a pas eu jusqu'ici l'occasion de s'exercer à propos de la réduction des fermages ou des dépenses de main-d'œuvre.

En revanche, ce sont, en grande partie, les associations agricoles qui ont permis aux cultivateurs d'apprécier les avantages d'un emploi judicieux des bonnes semences, des machines et des engrais industriels. Nous avons montré quelle était l'importance de leur rôle à cet égard.

Malheureusement, la réduction des dépenses et l'accroissement des rendements culturaux ne pouvaient pas exercer sur les profits une action immédiate et décisive. Il fallait du temps pour imposer aux propriétaires une diminution de fermage, pour développer les cultures fourragères exigeant moins de main-d'œuvre que les céréales ou les plantes industrielles; il fallait surtout beaucoup de temps pour apprendre à utiliser les engrais industriels dont l'usage pouvait seul permettre l'augmentation des rendements et une élévation des profits.

C'est un remède d'une efficacité immédiate, et, disait-on, certaine que l'on réclama. Les prix s'étaient abaissés, et c'est à leur relèvement qu'on demanda le salut de l'agriculture.

*La lutte contre la crise agricole.* — Relever le prix des produits agricoles, lutter contre la baisse et ses conséquences, tel est le programme du parti agrarien.

C'est au législateur qu'on s'adresse. Il faut, dit-on, modifier notre régime douanier trop libéral, et revenir au système protecteur. La concurrence étrangère avilit le cours des céréales et des autres produits agricoles; les prix de vente sont devenus inférieurs aux prix de revient. Imposons à nos rivaux des droits de douane assez élevés pour les écarter ou, tout au moins, pour élever le niveau des cours du montant total de la taxe protectrice que devra acquitter l'importateur.

— « Protéger l'agriculture, ce sera assurer du même coup la prospérité de l'industrie et du commerce, maintenir le taux des salaires, prévenir la ruine imminente de tous les fermiers ou cultivateurs, arrêter la baisse des fermages et limiter l'effrayante dépréciation de la propriété foncière. »

Le législateur ne résista point à des prières qui équivalaient à des ordres. Dès 1885, notre régime douanier fut modifié ; un droit est notamment imposé aux blés étrangers ; ce droit est porté en 1887 de 3 francs à 5 francs par quintal. En 1892, tous nos tarifs sont remaniés et les produits agricoles sont presque tous taxés à la frontière. En 1894, un nouveau remaniement élève à 7 francs les droits sur les blés. — Tous ces efforts ont été stériles, en ce sens que le niveau moyen des prix cotés de 1875 à 1880 s'est constamment abaissé. Il n'est pas un seul produit agricole dont le cours n'ait subi une dépréciation marquée depuis vingt ans. En revanche, la baisse a été limitée, c'est-à-dire que les prix restent chez nous plus élevés qu'ils ne le sont dans les pays où l'importation n'est pas frappée de droits élevés. Il suffit de comparer les cours cotés sur nos marchés à ceux qu'on relève sur les diverses places commerciales de l'Angleterre, de la Hollande ou de la Belgique pour le constater. Mais si l'écart existant entre les prix de France et d'Angleterre, par exemple, assure au producteur agricole français des cours relativement avantageux, cet écart tend à diminuer parce que le développement de la production, dans notre pays, déprime les cours et rend toute protection illusoire. C'est ce qui se passe notamment pour le blé et pour le vin depuis quelques années.

Il a donc paru indispensable de recourir à d'autres méthodes plus réellement efficaces que le système de la protection douanière.

*Le rôle des associations agricoles au point de vue du relèvement des prix.* — Quelques personnalités du parti agrarien ont pensé qu'il était possible d'utiliser les groupements professionnels agricoles en vue d'une action concertée relative à la fixation d'un prix de vente minimum pour une denrée déterminée, le blé par exemple. — Elles ont supposé qu'une entente était possible entre les producteurs groupés et que cette entente pourrait servir à fixer le prix courant du froment dans notre pays. — Ce projet est basé sur la nécessité de relever les prix, et c'est en s'appuyant sur une théorie économique que l'on prétend démontrer la légitimité d'une action commune ayant pour objet le relèvement des cours. Cette théorie économique est bien connue. Il s'agit du coût de production dans ses rapports avec le prix courant. C'est le coût de production qui règle le prix courant des marchandises. Ce prix ne saurait rester longtemps ni au-dessus ni au-dessous du coût de production. S'il le dépasse largement, l'appât d'un gain considérable provoque une augmentation de la production et un avilissement ultérieur des marchandises jetées sur le marché; si le prix courant est inférieur, au contraire, à l'ensemble des frais de production, on cessera de fabriquer, les marchandises deviendront rares et les cours s'élèveront jusqu'à ce qu'ils aient dépassé précisément le montant des dépenses de production. Ainsi la valeur d'échange d'une marchandise et son prix de revient tendent toujours à se rapprocher, sous le régime de la libre concurrence, bien entendu.

C'est là, en réalité, une conception purement théorique. On suppose implicitement la réalisation d'une foule de conditions, et notamment l'existence d'un prix de revient unique aisé à calculer avec précision, l'absence de toute concurrence étrangère agissant sur les cours d'une façon prolongée, parce que les prix de revient de ces rivaux ne sont pas semblables aux nôtres, etc.

Admettons, cependant, pour un instant, que cette théorie économique ne soit pas en contradiction avec les faits. Voici à quel raisonnement ont recours les représentants du parti agrarien.

« Le prix courant du blé dans notre pays devrait être fixé par son prix de revient. Il n'en est rien pourtant. La concurrence étrangère n'agit pas puisque les importations de blé sont très faibles ; mais, en revanche, *la spéculation* fausse les cours, les déprime et les fait tomber au-dessous du coût normal de production. Il faut donc arriver à élever les prix de vente en conseillant aux producteurs de se refuser à vendre leur blé au-dessous d'un cours qui leur assure le remboursement de leurs frais et un bénéfice légitime.

« C'est par une entente des cultivateurs groupés que l'on arrivera à imposer aux spéculateurs des cours rémunérateurs en rapport avec les frais de production. »

Cette démonstration repose sur deux affirmations présentées comme l'énoncé de vérités déjà établies ou évidentes par elles-mêmes : 1° le prix de vente du blé est inférieur, en ce moment, à son prix de revient ; 2° c'est la spéculation qui fausse les cours.

Chose curieuse, personne ne sait quel est le prix de revient du blé en France ; les calculs les plus bizarres, les affirmations les plus contradictoires ont été produits à cet égard.

Et cela se comprend aisément quand on réfléchit sans parti pris. La culture du blé n'est jamais *isolée* ; il n'existe pas de ferme où l'on cultive exclusivement du froment. La succession des récoltes sur un même sol est la règle, et, d'autre part, les diverses opérations culturales dépendent les unes des autres.

Pour faire des betteraves à sucre, il faut utiliser la terre l'année suivante en cultivant une céréale. Supprimer la culture du blé, de l'avoine, des fourrages, c'est rendre impossible la nourriture des animaux, la fabrication du fumier, et la production d'une plante industrielle comme la betterave.

Le calcul d'un prix de revient suppose, en outre, l'évaluation exacte des dépenses et des recettes. Or le compte Blé ne saurait être établi avec cette précision. Parmi les frais de production figurent des éléments qui ne peuvent pas être évalués avec exactitude. Le travail des animaux de trait a une valeur qui varie avec le prix de revient des aliments; ces derniers eux-mêmes étant produits sur l'exploitation, leur coût de production n'est pas connu exactement. Le fumier de ferme, qui est le principal engrais, n'a pas de prix courant puisque le cultivateur ne le vend pas. Parmi les recettes du compte Blé nous trouvons la valeur des pailles et des déchets; mais ces denrées ne sont pas vendues. La paille sert à la nourriture des animaux ou à la fabrication du fumier. Pour fixer la valeur des divers éléments d'un pareil compte il faut donc procéder par évaluations arbitraires, par comparaisons, et le calcul d'un prix de revient n'a plus rien de la sincérité et de la précision qui seraient indispensables pour autoriser une conclusion.

Mais ce n'est pas tout. Le prix de revient varie encore avec l'abondance des récoltes qui dépend elle-même des circonstances atmosphériques. — Les rendements sont encore liés à la fertilité du sol et à ses aptitudes culturales. Avec les mêmes dépenses on n'obtient pas les mêmes récoltes en Beauce et en Sologne.

Le prix de revient du blé varie donc, dans une même ferme, avec les années ; il dépend des évaluations arbitraires du comptable ; de ferme à ferme, de champ à champ, ce prix de revient varie encore avec la nature et la richesse du sol, la succession des récoltes, etc.

Comment dire, après cela, que le coût de production du froment dans notre pays est de 20 francs par hectolitre?

Admettons même qu'on soit arrivé à établir une moyenne, un maximum, un minimum. Ce calcul, exact aujourd'hui, cessera de l'être demain. Un prix de revient n'est pas immuable; tous les efforts du cultivateur et de l'agronome tendent, au contraire, à le modifier. Les progrès techniques introduits depuis cinquante ans dans la culture du sol n'ont pas d'autre objet. L'usage des instruments mécaniques, charrues perfectionnées, semoirs, moissonneuses, batteuses, a modifié les dépenses.

L'emploi des engrais minéraux accroît les rendements et, par suite, fait varier le coût de production. L'usage des aliments achetés au dehors réduit les frais d'entretien des animaux, la valeur de leur travail, celle du fumier, etc.

Enfin, la terre elle-même, dont le loyer constitue un élément du prix de revient, est de valeur variable.

En résumé, prétendre d'une façon générale que le prix courant du blé est en ce moment inférieur à son prix de revient, c'est visiblement commettre une erreur. — L'expérience le démontre, d'ailleurs, avec une clarté qui devrait convaincre les plus incrédules. Il y a vingt ans que l'on répète chaque jour : « le prix du blé est devenu inférieur à son coût de production ». Or jamais on n'a cultivé une plus large surface en froment ni produit, surtout, plus de blé que depuis quelques années.

On ignore, à la vérité, quel est le prix de revient du blé. Ce qui est exact, c'est que le prix courant actuel est assez élevé pour permettre la culture du froment quand elle est associée à celle des autres produits.

La première affirmation des représentants du parti agrarien nous paraît donc singulièrement aventurée. Il reste maintenant à savoir si la seconde n'est pas inexacte. « C'est la spéculation, disent-ils, qui fausse les cours. » Rien de moins certain, croyons-nous. On ne voit pas pourquoi les spéculateurs, c'est-à-dire les acheteurs à terme, auraient intérêt à faire baisser le prix du blé. On ne conçoit pas davantage comment ils auraient pu agir sur les cours dans le même sens depuis une vingtaine d'années.

Les spéculateurs existaient et spéculaient aussi de 1850 à 1875 alors que les cours s'élevaient. Pourquoi la spéculation aurait-elle obtenu des résultats si différents? Toute spéculation à la baisse suppose une contre-partie et une spéculation à la hausse organisée par d'autres groupes. Est-il admissible que ce duel ait duré vingt ans?

A quoi bon, d'ailleurs, aller chercher bien loin une explication si étrange de la baisse du froment ou des autres produits agricoles quand des faits si bien connus ont visiblement provoqué une dépression des cours.

L'accroissement de la production dans le monde, la facilité et le bon marché des transports sont les causes visibles de la baisse des céréales. Nous l'avons nous-mêmes provoquée et maintenue en développant notre production à tel point que nos récoltes de blé suffisent dans les bonnes années aux besoins de notre consommation.

La seconde affirmation dont nous parlions plus

haut en résumant les arguments du parti agrarien, ne nous paraît pas plus acceptable que la première. On a soutenu également que les agriculteurs étaient forcés de vendre leurs grains à l'automne ; l'affluence des vendeurs sur les marchés provoquerait, dit-on, une baisse et les spéculateurs achetant à bas prix accumuleraient des stocks qu'ils écouleraient ensuite à des prix plus élevés. — Dans cette hypothèse, le cours des céréales subirait des alternatives régulières de baisse et de hausse selon les périodes de l'année. C'est à l'automne que les prix fléchiraient habituellement, tandis qu'ils se relèveraient ensuite de façon à constituer une marge de profit en faveur des spéculateurs avisés et tout-puissants.

En réalité, ce n'est là qu'une hypothèse contredite par les faits. En 1901, par exemple, les cours du froment se relèvent à la suite de la récolte au lieu de s'abaisser.

**1901. — Prix du quintal de blé en France.**

| Trimestres. | fr. c. |
|---|---|
| Premier | 18 43 |
| Deuxième | 18 45 |
| Troisième | 19 05 |

La hausse du 3ᵉ trimestre est due à l'annonce d'une récolte médiocre.

Il n'est pas vrai, d'ailleurs, qu'à d'autres

moments le cours du blé fléchisse à l'automne pour subir une hausse de janvier à juillet.

En voici la preuve :

**Prix du quintal de blé en France.**

| Trimestres. | 1885-90 | 1890-95 | 1895-1900 |
|---|---|---|---|
| | fr. c. | fr. c. | fr. c. |
| Premier............. | 22 29 | 23 08 | 20 99 |
| Deuxième........... | 23 15 | 25 66 | 21 21 |
| Troisième.......... | 22 82 | 22 91 | 20 74 |
| Quatrième ......... | 22 50 | 21 93 | 20 52 |

Les écarts sont très faibles d'un trimestre à l'autre, et notamment du premier au quatrième. La différence la plus notable est celle que l'on constate de 1890 à 1895, mais elle tient à une baisse brusque survenue en 1894 à la suite d'une récolte magnifique de 122 millions d'hectolitres. Il s'était, au contraire, produit une hausse, dès les premiers mois de 1891, parce que la gelée avait compromis la récolte[1].

Il nous semble, en résumé, bien imprudent de parler toujours de spéculation à la baisse, d'agiotage effréné, et de considérer le commerçant comme l'ennemi-né du cultivateur. La hausse de 1901 prouve clairement que le négociant est obligé de subir les hauts cours quand la récolte est médiocre.

Et maintenant comment serait-il possible de

1. 86 millions d'hectolitres contre 128 millions en 1898 et 1899.

grouper tous les producteurs de grains, ou le plus grand nombre d'entre eux, tout au moins, pour imposer aux acheteurs un prix fixé arbitrairement?

Cette coalition gigantesque et sans précédent risque fort d'échouer. Admettons même que l'on réussisse à grouper plusieurs centaines de milliers d'adhérents. Rien ne prouve que les cours s'élèveraient assez rapidement pour leur donner satisfaction d'une façon immédiate.

Si les agriculteurs ont besoin de fonds quelques mois après la récolte, il est nécessaire de leur en procurer sous peine de voir les adhérents porter leur blé ou leurs autres grains au marché. — On a songé à des prêts sur gage et notamment au *warrantage* des céréales tel qu'il est prévu par la loi récente du 18 juillet 1898. Ces opérations ne sont pas, malheureusement, très connues; les prêteurs sont rares. En outre, le *warrantage* n'est pas autre chose, dans ces conditions, qu'une *spéculation à la hausse*. L'agriculteur emprunte sur sa récolte parce qu'il espère vendre à plus haut prix, quelques semaines ou quelques mois après. Cette opération de crédit est donc pleine de périls. Si les cours restent stationnaires, s'ils baissent même à la suite d'une belle récolte soit en France, soit à l'étranger, l'emprunteur liquide son opération et vend effectivement en subissant une perte à laquelle s'ajoutent les frais de l'emprunt. Pour agir sur les cours, il faudrait, cependant, faire le vide sur le marché pendant quelque temps et fournir des avances à un très grand nombre de producteurs. Il s'agit donc d'une opération de crédit se chiffrant par des dizaines ou des centaines de millions!

Trouverait-on des capitalistes disposés à faire de pareilles avances sans y être poussés par le désir très naturel de réaliser un gros bénéfice au lieu de se dévouer simplement aux intérêts de leurs emprunteurs? Que de difficultés, de complications et de dangers; quel désastre peut-être si les stocks accumulés devaient être jetés sur le marché en quelques semaines pour assurer le remboursement des prêts consentis!

Nous ne croyons pas qu'un comité d'hommes d'affaires sérieux et prudents veuille assumer la responsabilité d'une pareille aventure et engager délibérément des milliers d'agriculteurs dans cette voie.

Quel serait, en outre, le prix de vente fixé par les agriculteurs ou leurs représentants, pour le froment par exemple? Le prix doit être, dit-on, supérieur au prix de revient; il doit, de plus, assurer au producteur un bénéfice légitime. — Or, personne ne peut déterminer avec précision le prix de revient moyen du blé. On n'a même jamais tenté de l'établir, Il ne saurait, d'ailleurs, être indépendant des récoltes. — Ces dernières n'étant pas également bonnes ou mauvaises dans toute la France, faudra-t-il faire varier le prix de vente du froment selon les régions?

Quel sera, en outre, le bénéfice *légitime* qui s'ajoutera au prix de revient? Comment le calculer et l'imposer?

De toutes façons le prix du froment ne saurait, enfin, dépasser le cours de cette céréale à l'étranger augmenté des droits de douane établis en France.

A partir du moment où les agriculteurs prétendraient imposer aux consommateurs des cours plus élevés, on s'adresserait à des producteurs étrangers. — Le seul résultat que l'on pourrait obtenir, en organisant une vaste coalition de producteurs, ce serait donc simplement une hausse égale à la différence entre les cours actuels et les cours étrangers augmentés des droits de douane. Il s'agit d'obtenir que les tarifs protecteurs « jouent en plein » selon l'expression consacrée.

Rien ne prouve, d'ailleurs, qne l'on pourrait atteindre ce but. Dès à présent nous produisons dans les bonnes années une quantité de blé presque égale à notre consommation. En 1899 et 1900, par exemple, nos importations ont été insignifiantes. Le jour où l'on réussirait à relever les prix notre production augmenterait puisqu'elle se développe aujourd'hui malgré la baisse. Elle deviendrait donc supérieure aux besoins, et nul effort, nulle entente concertée, ne pourrait alors prévenir ou limiter une brusque dépression des cours. La surproduction est la conséquence naturelle d'une hausse artificielle des cours. Faudrait-il alors imposer à l'industrie agricole un maximum de production, limiter la surface des terres consacrées à la culture du froment? — Que de complications, d'agitations, de contraintes, et d'échecs retentissants à redouter!

Pourquoi, d'ailleurs, se contenterait-on de protéger avec tant de sollicitude les producteurs de froment, d'avoine, ou de seigle? Les intérêts des viticulteurs ne sont-ils pas aussi respectables, et, en s'appuyant sur les mêmes raisons, ne va-t-on pas rechercher le prix de revient du vin pour le comparer à son prix de vente?

Conseillera-t-on aux vignerons de fixer des cours minima au-dessous desquels nul ne pourra acheter ou vendre du vin? — Ce que nous disons ici à propos des vignerons et du vin reste vrai pour tous les producteurs agricoles sans exception et pour tous les produits.

L'acheteur accablé ou révolté ne constituera-t-il pas à son tour des associations capables de lutter contre les prétentions des producteurs groupés?

En vérité, il est inutile de se préoccuper, outre mesure, de toutes ces hypothèses.

Jusqu'ici les groupements professionnels agricoles ont joué un rôle éminemment utile et fécond. Les résultats obtenus ont été excellents. C'est avec la plus sincère estime et la plus respectueuse admiration qu'il convient de constater le zèle de tant d'hommes dévoués qui ont dirigé ce mouvement en France depuis vingt ans. — Leur bon sens et leur clairvoyance les mettront en garde contre les dangers de certaines tendances actuelles et ils renonceront, nous en sommes persuadés, à l'intervention des associations agricoles dans la fixation des cours. Leurs efforts tendront à réduire les prix de revient et non à rehausser les prix de vente.

# CHAPITRE V

L'augmentation de la production agricole et la baisse des prix.
— Les vins, le blé. — L'agiotage et la baisse des cours du froment. — Les prix moyens par trimestre en France et en Angleterre. — La vente collective des céréales et les greniers coopératifs; un essai préalable à tenter. — Influence curieuse des
variations de prix du blé sur la consommation parisienne. —
Impuissance probable du Trust des producteurs de blé.

Il est hors de doute que notre production agricole s'est largement développée dans son ensemble
depuis vingt ans.

C'est là une conséquence, bien curieuse, à vrai
dire, de la crise agricole et de la baisse des prix.
En présence de la diminution des cours qui rédui-
sait leurs recettes, nos cultivateurs se sont
efforcés d'augmenter les quantités récoltées. Ils y
sont parvenus en utilisant des procédés de culture
plus perfectionnés et plus économiques.

Ceci revient à dire qu'en définitive ils ont
réduit les prix de revient de leurs principaux
produits.

La protection douanière dont ils ont bénéficié a, d'autre part, atténué ou limité la baisse des cours qui se serait normalement produite sans l'intervention du législateur. L'augmentation de la production est devenue ainsi plus facile parce qu'elle était plus aisément lucrative.

Cette augmentation des récoltes a malheureusement pour effet, aujourd'hui, d'annuler la prime résultant de l'action des droits de douane. Nos importations étrangères ont décliné à mesure que la production intérieure augmentait et que les cours du marché français subissaient une baisse nouvelle et plus marquée.

Ainsi, nos récoltes de vins se sont accrues avec une extraordinaire rapidité depuis 1893. Malgré la suppression presque complète des importations espagnoles ou italiennes, tout le monde sait que les cours ont subi des réductions énormes. Les années 1900, 1901 et 1902, notamment, ont été marquées par un avilissement des prix qui s'est traduit par une crise douloureuse : la crise viticole. Aujourd'hui, les cours se sont relevés parce que notre production de 1903 est très médiocre, mais ils s'effondreront encore l'année prochaine si la vendange de 1904 jette sur le marché des quantités de vin comparables à celles qu'on a récoltées en 1900 et 1901.

Au moment où le prix des vins était avili, on

s'est efforcé de le relever en cherchant des débouchés. Des efforts considérables ont été faits pour vulgariser l'emploi du vin et en développer la consommation, surtout dans les villes.

Notre législation fiscale a été remaniée : les droits qui frappaient le vin ont été réduits, les taxes d'octroi furent supprimées ou abaissées. Cette réforme exerça certainement une influence sur la consommation du vin; mais cette dernière augmenta surtout — de quelques millions d'hectolitres — parce que les cours étaient précisément tombés très bas. C'est la baisse, la baisse énorme des cours qui a accru le montant des ventes, et nous sommes persuadés que la réforme fiscale eût été presque sans effet si les prix étaient restés aussi élevés que par le passé.

Les viticulteurs ne peuvent donc pas espérer vendre à hauts prix des quantités de vin analogues à celles qu'ils ont récoltées en 1900 ou 1901. La faiblesse relative de la production et du débit permet seule la persistance des cours largement rémunérateurs.

Tout ce que nous venons de dire à propos du vin est encore exact lorsqu'il s'agit des céréales, et notamment du froment.

Depuis 1871 jusqu'à 1901, les cours fléchissent, les récoltes augmentent et les importations étrangères restent stationnaires. En voici la preuve :

| Périodes. | Récoltes. | Importations. | Prix par hectolitre. |
|---|---|---|---|
| | hectol. | hectol. | fr. c. |
| 1871-1880.. | 97 000 000 | 12 500 000 | 22 75 |
| 1881-1890.. | 108 000 000 | 13 500 000 | 18 80 |
| 1891-1900.. | 110 000 000 | 12 200 000 | 16 80 |

Sans nul doute, ce sont les conditions nouvelles de la production du blé dans le monde qui ont déterminé une baisse aussi brusque des cours. Néanmoins l'augmentation de nos récoltes a agi dans le même sens. Depuis quelques années, nos achats à l'étranger sont *nuls* ou à peu près, l'Algérie et la Tunisie nous fournissant ce que nous n'avons pas produit. En 1903, notre récolte s'élève à 128 millions d'hectolitres, dépassant ainsi de 18 millions d'hectolitres la moyenne 1891-1900 ! Et ce n'est pas là un fait extraordinaire et sans précédents, puisque les moissons de 1898 et 1899 avaient été aussi abondantes. Nous nous suffisons à nous-mêmes, et naturellement les cours restent fort bas malgré la protection douanière destinée à en élever le niveau. Nos cultivateurs sont donc placés dans cette alternative, ou de vendre à bas prix ou de réduire leur production. C'est exactement la situation des viticulteurs.

La baisse, la terrible baisse, ne saurait-elle être combattue d'une façon efficace ?

La protection douanière reste impuissante, puisque nous en sommes arrivés à ne plus importer du tout. Le bimétallisme, un moment invoqué comme une panacée, n'a plus guère de partisans.

Que faire? Certaines personnes, mal inspirées — à notre avis — mais animées des plus pures intentions, n'ont pu se résoudre à accepter la faiblesse des cours. Il faudrait — ont-elles pensé — produire beaucoup et pourtant vendre cher. « C'est l'Agiotage, c'est la Spéculation » qui fausse les cours. Défendons le producteur contre l'Agioteur. Décrétons la hausse; entendons-nous entre cultivateurs, et puisqu'il faut un mot qui fasse image et frappe les esprits, organisons un *Trust*.

Nous connaissons déjà le Trust de l'Acier, le Trust de la Navigation, le Trust du Cuivre; il y aura le Trust des producteurs de blé. On proportionnera désormais le prix de vente au prix de revient majoré d'un « bénéfice légitime ».

Il s'agit, en termes plus clairs, d'une hypothèse et d'une résolution. L'hypothèse, c'est l'influence de l'agiotage sur la baisse des cours. La résolution, c'est une entente concertée entre producteurs pour obtenir une hausse, *alors même que la production ne diminuerait pas*.

## I

Il nous a toujours paru impossible d'admettre comme une vérité démontrée l'influence souveraine de la Spéculation sur les cours, et surtout nous ne pouvons pas arriver à comprendre pourquoi les Agioteurs ont intérêt à faire la baisse depuis vingt ou vingt-cinq ans.

Oui, cela pourrait être admissible si l'agioteur achetait en baisse pour revendre en hausse après avoir bénéficié d'une différence.

Mais cette opération ne suppose pas nécessairement que le *niveau moyen des prix reste bas*.

Que les cours passent de 20 à 25 fr., ou de 25 à 30 fr., peu importe ; l'écart est toujours de 5 fr., et l'agioteur touche le même bénéfice.

Maintenant, est-il vrai qu'on observe, en France ou à l'étranger, des alternatives de hausse ou de baisse favorables aux intérêts de la Spéculation? Nous avons déjà répondu à cette question dans un précédent chapitre et nous avons montré que l'on n'observait nullement une baisse marquée à l'automne — quand les agriculteurs vendent, dit-on, leurs grains — puis, une hausse sensible au moment où les spéculateurs se seraient emparés de la récolte. Sur le marché de Paris, les cours ne s'élèvent que fort lentement et fort peu après la moisson.

Dans une période de vingt-cinq ans, de 1877 à 1901, on a relevé les cours suivants par trimestre :

|  | Prix des 100 kil. de blé à Paris.<br>fr. c. |
|---|---|
| Premier trimestre, après la moisson (octobre, novembre, décembre)............ | 23 53 |
| Deuxième trimestre, après la moisson (janvier, février, mars)............ | 23 70 |
| Troisième trimestre, après la moisson (avril, mai, juin)............ | 24 26 |
| Quatrième trimestre, après la moisson précédente (juillet, août, septembre)....... | 23 90 |

Il est clair que les cours s'élèvent du premier trimestre au quatrième, mais cet écart est très faible. Si l'on songe aux frais supportés, aux pertes de poids, aux dépenses de manipulation et de garde et à l'intérêt des sommes *exposées*, cette différence n'est pas considérable.

Les choses se passent-elles autrement dans les régions éloignées de Paris ou à l'étranger? Pour le savoir, nous nous sommes adressé à un négociant qui a précisément fait des recherches sur le même sujet, et il nous a fourni des chiffres empruntés à son travail.

Voici quels seraient les cours moyens du quintal de blé dans la région du Nord-Ouest dans celle du Sud-Est et en Angleterre, *par mois,* durant la dernière période de vingt-cinq ans (1877-1901) :

**Prix moyens mensuels des 100 kilog. de froment (1877-1901).**

| | FRANCE | | |
| Mois. | Région du Nord-Ouest. | Région du Sud-Est. | En Angleterre. |
|---|---|---|---|
| | fr. c. | fr. c. | fr. c. |
| Octobre | 22 9 | 23 9 | 19 1 |
| Novembre | 22 5 | 23 9 | 19 4 |
| Décembre | 22 7 | 23 9 | 17 2 |
| MOYENNE | **22 7** | **23 9** | **19 2** |
| Janvier | 22 6 | 24 2 | 19 3 |
| Février | 23 1 | 24 3 | 19 3 |
| Mars | 23 1 | 24 4 | 19 4 |
| MOYENNE | **22 9** | **24 3** | **19 3** |
| Avril | 23 2 | 24 4 | 19 3 |
| Mai | 23 7 | 24 7 | 20 6 |
| Juin | 23 6 | 24 7 | 20 4 |
| MOYENNE | **23 5** | **24 6** | **20 1** |
| Juillet | 23 4 | 24 5 | 20 3 |
| Août | 23 1 | 24 4 | 20 6 |
| Septembre | 23 1 | 23 5 | 19 7 |
| MOYENNE | **23 2** | **24 1** | **20 2** |

Fait assez curieux, la règle déjà observée à Paris peut être notée dans le nord-ouest, dans le sud-est de la France et même en Angleterre. Le maximum des cours a lieu en mai. Quant aux écarts de trimestre à trimestre, ils restent peu élevés. Les cours augmentent lentement — très lentement — d'octobre à mai ou juin, et même jusqu'en août pour l'Angleterre. Les spéculateurs sont — en tous cas — forcés de conserver leur blé plus de six mois avant de bénéficier d'une hausse de 40 centimes ou 50 centimes par quintal. Ce n'est pas grand'chose et nous ne voyons pas là une preuve éclatante des « agissements » de l'Agiotage.

C'est là une observation générale se rapportant aux effets et à l'éventualité de la Spéculation considérée comme une puissance économique décrétant à son gré la baisse ou la hausse.

Il est fort possible, néanmoins, qu'un certain nombre de petits cultivateurs préparant ou nettoyant mal leurs grains, ou connaissant mal les cours, soient exposés à vendre à trop bas prix.

Un de nos anciens élèves, M. Dulac, traduit cette préoccupation en signalant les avantages qu'ont retiré les producteurs allemands de la vente collective des céréales. Il s'exprime ainsi :

« J'ai vu en Bavière des paysans qui sont parvenus, grâce à la coopération, à obtenir de leur grain 1 à 2 marks, c'est-à-dire 1 fr. 25 à 2 fr. 50 par quintal, de plus qu'autrefois. Ils étaient, avant qu'ils aient su s'organiser, à la merci de petits marchands très nombreux et âpres au gain, qui n'avaient d'autre souci ni d'autre intérêt que de s'enrichir à leurs dépens. Maintenant, en réunissant leurs grains qu'ils peuvent nettoyer, trier et proposer en quantités importantes aux minotiers et aux brasseurs directement, ils ont réussi à garder pour eux toute la différence qui faisait autrefois le bénéfice du petit commerce. Et les minotiers et les brasseurs eux-mêmes sont satisfaits de ce progrès, qui leur permet un approvisionnement plus sûr et plus régulier. Comme on classe les grains des membres associés en qualités qui sont payées chacune à sa valeur, on a vu les paysans soigner mieux leurs cultures, employer de meilleures semences, jusqu'à ce qu'ils obtinssent le plus haut prix, ce dont autrefois, quand les marchands leur donnaient, pour tous, la même somme, *grosso modo*, selon les cours, ils n'avaient jamais songé à s'inquiéter. Tout le monde y a gagné, sauf ceux qui auparavant gagnaient tout. Et c'est très justement que les agriculteurs de Lœbau, en Saxe, ont pu surnommer le magasin qu'ils avaient construits pour la vente collective de leurs céréales, *das Mausoleum der Lœbauer Kornjuden*, « le Mausolée des marchands de grains ».

Autant il nous paraît difficile de comprendre et d'admettre l'action de la Spéculation sur la baisse depuis vingt ans, autant nous sommes disposé à admettre les avantages de la coopération pour assurer la vente *dans des conditions normales* au profit des petits cultivateurs isolés.

On nous dit que bien des petits cultivateurs,
pressés par le besoin d'argent, vendent à bon
marché, dès le mois de septembre ou d'octobre, à
des prix inférieurs aux cours officiels, et qu'il faudrait aider ces producteurs qui sont à la discrétion
de l' « intermédiaire ». C'est possible, et les
petits agriculteurs nous paraissent surtout dignes
de sollicitude.

Mais au lieu de bâtir immédiatement des magasins ou des « elevators » pour y emmagasiner
leurs récoltes, rien ne s'oppose à ce que des syndicats utilisent dès à présent les ressources que
leur offrent, sur certains points, les entrepôts
publics ou magasins généraux, dont le commerce
n'a pas le monopole. Que l'on réunisse 5 000 ou
10 000 quintaux, qu'on les place dans un de ces
magasins. Le droit de garde s'élève seulement —
croyons-nous — à 10 centimes par sac de 100 à
120 kilogrammes et par mois. Sur ce grain, on
pourra emprunter à l'aide d'un « warrant » ordinaire, opération qui se fait couramment. Puis,
que le syndicat attende avant de réaliser au nom
de ses adhérents. Il aura à payer l'intérêt des
sommes prêtées sur warrants, le droit de garde,
la location des sacs, — s'il y a lieu, — des mani-
pulations intérieures pour prévenir les échauffe-
ments, etc.

On verra en avril, mai, juin ou juillet si l'opération se solde par un bénéfice, c'est-à-dire si les cultivateurs touchent, en définitive, par quintal, plus d'argent que s'ils eussent vendu en octobre, novembre ou décembre. C'est là un essai, une expérience sage, pratique et décisive à tenter avant de se lancer dans des constructions de greniers coopératifs.

S'il ne se trouve pas de magasins généraux ou d'entrepôts établis dans la région, qu'on loue un local convenable pour y faire cet essai préalable. Tout est préférable à une expérience en *grand* qui se solderait par un désastre financier.

Remarquons, en outre, que dans plusieurs cas, l'emmagasinage et le warrantage sont inutiles lorsque la récolte a été médiocre ou mauvaise; alors il vaut mieux, — cela est clair, — vendre tout de suite à un bon prix plutôt que d'attendre des cours extraordinaires.

Le grenier coopératif construit demain serait peut-être inutilisé l'année prochaine, et ce serait une déconvenue, tandis que l'expérience dont nous avons parlé n'exige pas d'avances considérables ou une longue attente. On peut la tenter à tous les moments.

Voilà ce qui nous paraît raisonnable et ce que nous voudrions voir réaliser, non seulement pour rendre service aux agriculteurs en leur permettant de mieux vendre leurs grains, mais encore pour les instruire en leur épargnant des désillusions et des pertes.

C'est encore une illusion que nous voudrions combattre en montrant que le commerce ne procède pas par « accaparements » énormes, de façon à « peser » sur les cours, grâce à une spéculation « effrénée ».

Sans doute, le commerce s'approvisionne parce qu'il prend lui-même des engagements à longue échéance et qu'il doit se garantir contre des surprises, mais ces « stocks » s'accumulent naturellement après la récolte pour s'écouler et se réduire à mesure que la moisson faite est consommée dans le cours de l'année.

A ce sujet, on ne peut rien observer de plus instructif que le mouvement des grains, mois par mois, dans les magasins généraux de Paris.

Eh bien! voici les stocks moyens pendant la période 1877-1901 :

**Moyennes mensuelles des stocks de blé à Paris en milliers de quintaux (1877-1901) :**

| | | | |
|---|---|---|---|
| Janvier | 177 | Juillet | 119 |
| Février | 176 | Août | 90 |
| Mars | 156 | Septembre | 136 |
| Avril | 134 | Octobre | 175 |
| Mai | 120 | Novembre | 179 |
| Juin | 129 | Décembre | 183 |

Les magasins généraux se remplissent à l'automne ou en hiver, bien entendu, ils se vident lentement. On n'observe pas des accumulations énormes dans les derniers mois de l'année, puis des disparitions mystérieuses quand le « coup de bourse » aurait été fait. Ces stocks permettent de régulariser les cours en prévenant les paniques, si fréquentes autrefois.

Tous les stocks sont d'ailleurs connus et affichés chaque jour.

Les prix augmentent un peu — nous l'avons vu — quand approche l'époque de la moisson et quand les stocks diminuent. Quoi de plus naturel? Les frais occasionnés par la garde des grains justifient en grande partie cet écart régulier.

Pour savoir, d'ailleurs, si le commerce réalise toujours des profits en dépouillant le producteur, il faut que ce dernier se livre aux mêmes opérations et fasse des essais. Ceux que nous lui proposons de tenter ne sont pas dangereux. Nous sommes persuadés que des syndicats pourraient rendre à ce propos un grand service en se livrant à une expérience sur une petite échelle. Le reste sera l'œuvre du temps.

Nous ne saurions accepter l'hypothèse, la singulière hypothèse de ceux qui attribuent la baisse persistante des prix du froment, en France, à l'action de l'agiotage.

Est-il possible d'obtenir un relèvement persistant et normal des cours alors même que la production ne diminuerait pas ?

C'est ce qu'il nous reste à examiner. Nous n'avons, à cet égard, aucune opinion préconçue. Ce sont les faits qu'il s'agit d'étudier pour dégager de leur examen une conclusion solide. A l'avance, nous sommes disposés à changer d'opinion si d'autres faits mieux établis venaient modifier nos précédentes conclusions.

La baisse du prix du blé exerce, croyons-nous, une influence décisive et presque immédiate sur la consommation. Quoi qu'on en puisse penser, le prix du blé règle, en effet, celui de la farine et du pain. Or, aujourd'hui encore, malgré le développement de la richesse publique, il nous paraît établi que les variations du prix du pain règlent sa consommation.

Cette consommation augmente quand le prix baisse ; elle diminue quand le prix augmente.

Pour le prouver, nous pouvons étudier les fluctuations de la consommation des grains et farines à Paris. Un négociant expérimenté nous a autorisé à emprunter les renseignements suivants aux divers chapitres de son travail sur cette question très mal connue. Les chiffres puisés par lui aux sources les plus sûres nous ont très vivement frappé.

En consultant les statistiques dressées par

divers services publics on peut arriver à connaître approximativement les entrées à Paris de froment en grains et de farines de froment. Pour plus de simplicité, notre auteur a converti le grain en farine sur le pied de 70 kilogrammes de farine pour 100 kilogrammes de grain.

En tenant compte de cette conversion, les arrivages constatés à Paris depuis 1893 jusqu'à 1901 seraient les suivants :

**Entrées totales de froment à Paris (1893-1901).**

*(En milliers de quintaux).*

| Années. | Farine entrée sous forme de grains. | Farine entrée sous forme de farine. | Totaux. |
|---|---|---|---|
| 1893......... | 445 | 2 101 | 2 606 |
| 1894......... | 555 | 2 185 | 2 740 |
| 1895......... | 746 | 2 257 | 3 003 |
| 1896......... | 866 | 2 268 | 3 134 |
| 1897......... | 551 | 2 157 | 2 708 |
| 1898......... | 733 | 2 067 | 2 800 |
| 1899......... | 1 173 | 2 262 | 3 435 |
| 1900......... | 1 150 | 2 375 | 3 525 |

Examinons la colonne : Totaux. Evidemment, les quantités augmentent d'année en année, très rapidement, phénomène que l'augmentation de la population parisienne suffit à expliquer.

Durant deux années, cependant, les entrées totales *diminuent brusquement*. Ces deux années sont celles de 1897 et 1898. Dès 1899, les arrivages remontent d'un seul coup plus haut qu'ils n'étaient encore parvenus.

Pour comprendre cette anomalie il suffit de comparer les arrivages aux chiffres des récoltes et aux prix du froment ou de la farine.

Voici le tableau qui résume ces faits.

**Variations simultanées des arrivages de froment (grains et farines) à Paris, des récoltes et des prix (1893-1900).**

| Années. | Arrivages à Paris en milliers de quintaux. | Récoltes en France en millions de quintaux. | Prix des 100 kil. de blé à Paris. | Prix des 100 kil. de farine. |
|---|---|---|---|---|
| | | | fr.  c. | fr.  c. |
| 1893... | 2 606 | 75 | 20  9 | 28  5 |
| 1894... | 2 740 | 93 | 19  4 | 26  3 |
| 1895... | 3 003 | 92 | 18  8 | 26  9 |
| 1896... | 3 134 | 92 | 19  0 | 26  0 |
| 1897... | 2 708 | 65 | 25  2 | 32  9 |
| 1898... | 2 800 | 99 | 25  7 | 35  3 |
| 1899... | 3 435 | 99 | 19  9 | 26  5 |
| 1900... | 3 525 | 88 | 19  8 | 26  1 |

Nous avons maintenant le secret des fluctuations brusques des arrivages à Paris en 1897 et 1898.

La détestable récolte de 1897 a provoqué une hausse. Le prix du blé passe de 19 francs (1896) à 25 fr. 20 et 25 fr. 70. En 1897 et 1898, le cours des farines s'élève en même temps de 26 francs à 32 fr. 90 et 35 fr. 30.

Eh bien, cette hausse provoque *immédiatement* une diminution brusque de la consommation.

Cela est si vrai que la consommation augmente

l'année suivante (1899) quand le blé et la farine sont en baisse.

« Cette démonstration vous paraît-elle insuffisante, ajoute mon interlocuteur, en voulez-vous une contre-épreuve plus décisive encore? — La voici :

« Depuis 1864 jusqu'à 1870, le blé, la farine et même le pain ont été taxés à l'octroi de Paris. Nous connaissons donc *exactement* les quantités introduites dans la capitale. Rien n'est plus facile que de convertir les grains en farines à 70 p. 100, de façon à n'avoir qu'un chiffre pour les entrées de froment. Quant au pain, les quantités venues du dehors sont négligeables.

« Voici les résultats de mes calculs :

|  | Entrées totales de froment à Paris.<br>—<br>Milliers de quintaux. |
|---|---|
| 1864 | 2 257 |
| 1865 | 2 290 |
| 1866 | 2 187 |
| 1867 | 2 290 |
| 1868 | 2 260 |
| 1869 | 2 373 |

« Les quantités consommées augmentent en 1865, puis elles diminuent en 1866, restent stationnaires en 1867 malgré l'énorme affluence des visiteurs de l'Exposition, diminuent encore en 1868, et enfin augmentent brusquement en 1869.

« Pour expliquer ces variations il suffit de noter les fluctuations des récoltes et des prix :

| Années. | Entrées à Paris de froment en grains et farine. | Récoltes en France. | Prix du froment par hect. | Prix du pain à Paris par kilogr. |
|---|---|---|---|---|
| | Milliers quint. | Millions hect. | fr. c. | fr. c. |
| 1863.... | » | 116 | 19 78 | » |
| 1864.... | 2 257 | 111 | 17 58 | 0 310 |
| 1865.... | 2 290 | 95 | 16 41 | 0 296 |
| 1866.... | 2 187 | 85 | 19 61 | 0 342 |
| 1867.... | 2 290 | 83 | 20 19 | 0 439 |
| 1868.... | 2 260 | 116 | 20 69 | 0 429 |
| 1869.... | 2 373 | 107 | 20 33 | 0 353 |

« Ainsi, les récoltes de 1863 et 1864 sont belles, le prix du froment diminue, et celui du pain également.

« En conséquence, la consommation de Paris augmente de 33 000 quintaux.

« Voici maintenant une contre-épreuve. La récolte de 1865 est moins bonne, celles de 1866 et 1867 sont mauvaises. Les cours du froment s'élèvent et le prix du pain augmente.

« En conséquence, la consommation de Paris diminue malgré l'Exposition et l'augmentation constante de la population parisienne. Au contraire, les belles moissons de 1868 et 1869 provoquent une baisse du froment et du pain, et les entrées du froment augmentent brusquement. »

Nous avouons que ces faits nous paraissent très

instructifs et probants. La conclusion qu'il est permis d'en tirer serait la suivante :

— A cette heure encore, la consommation du froment est subordonnée aux variations de prix de cette céréale. Le développement de la consommation dépend de la persistance des cours peu élevés. Toute hausse restreindrait la consommation, et comme nous produisons, aujourd'hui, à peu près l'équivalent de ce que nous consommons, toute hausse artificielle aurait pour conséquence de laisser *invendue* une partie de nos récoltes.

Toute tentative de « trust » élevant les prix sur nos marchés aboutirait ainsi à un désastre, parce que les réserves accumulées provoqueraient tôt ou tard une liquidation en baisse qui aurait pour effet l'effondrement des cours et la disparition du « trust ».

Les cultivateurs doivent donc se résoudre à accepter les cours actuels ou à réduire leur production.

### BIBLIOGRAPHIE

Souchon, *Les Cartells de l'Agriculture en Allemagne*, Paris, Librairie Armand Colin, 1903.

# CHAPITRE VI

Importance croissante et peu connue de nos achats et produits coloniaux. — Les denrées alimentaires, les matières premières industrielles, les oléagineux, les textiles et les soies, les riz et les sucres. — Nos importations coloniales comparées à nos importations totales. — Les détaxes coloniales. — Le caoutchouc et les colonies françaises. — Essais de culture à l'étranger. — Comment coloniser?

Pendant que l'on s'efforce de repousser, à l'aide de droits de douane variés, les produits agricoles semblables à ceux que nous sommes capables d'obtenir sur notre sol, d'autres denrées exotiques pénètrent en France par masses de plus en plus considérables, et cette « invasion » pacifique prouve — jusqu'à l'évidence — combien il est difficile de forcer un peuple à consommer uniquement les denrées agricoles que peut produire son terroir.

La division du travail facilitée par les transformations des moyens de transport, et l'intérêt du consommateur expliquent à merveille l'importance croissante de ces importations. Nous voulons parler des denrées coloniales qui sont des matières alimentaires ou des matières premières industrielles. Il est intéressant de marquer, dès à présent, la place qu'elles occupent parmi les marchandises que la métropole achète au dehors. Aussi bien est-il utile de dissiper quelques illusions à cet égard et de montrer, en outre, l'importance du rôle que peuvent jouer nos colonies.

Beaucoup de personnes croient de très bonne foi que nous nous contentons de demander aux colonies — françaises ou étrangères — un peu de café, quelques épices, de l'ivoire, des peaux de tigre.... et des objets de collection. C'est une erreur lamentable et qui a pour conséquence d'empêcher bon nombre de Français de comprendre le rôle de nos propres colonies.

Voici, par exemple, un premier groupe de marchandises qui n'ont pas de similaires en Europe et qu'on ne *peut* pas y produire. Nous voulons parler des cafés, du cacao, du thé, du poivre, de la vanille et de certaines fécules exotiques comme celle du manioc, matière première du tapioca.

Sait-on, dans le public, que nous importons (commerce spécial) des quantités de denrées correspondant aux valeurs suivantes :

|  | Francs. |
|---|---|
| Café.............................. | 94 000 000 |
| Cacao........................... | 32 000 000 |
| Thé.......................... ...... | 2 500 000 |
| Poivre.......................... | 4 000 000 |
| Fécules exotiques............... | 4 200 000 |
| Total............. | 136 700 000 |

A ce total de 136 millions, il faudrait ajouter la girofle, le gingembre, la cannelle, etc., etc.

Voici, maintenant, tout un groupe de denrées indispensables à nos industries modernes, comme matières premières ; il est constitué par le caoutchouc, la gutta, la nacre, les écailles, les gommes, les résines, les bois d'ébénisterie et de teinture, l'ivoire, les plumes de parure qui sont, pour la plupart, d'origine coloniale..., etc., etc.

Nos importations actuelles sont les suivantes :

|  | Francs. |
|---|---|
| Caoutchouc et gutta-percha....... | 50 000 000 |
| Nacres........................... | 9 000 000 |
| Écailles ........................... | 1 000 000 |
| Gommes........................... | 9 000 000 |
| Résines ........................... | 5 000 000 |
| Bois d'ébénisterie et de teinture... | 10 000 000 |
| Ivoire............................ | 3 000 000 |
| Plumes........ ............... | 25 000 000 |
| Total............. | 112 000 000 |

Voilà déjà un second total de 112 millions à ajouter au premier, qui s'élevait à 136 !

Remarquons, en outre, que la consommation

de certains articles de notre deuxième groupe se développe avec une extrême rapidité; il en est ainsi pour le caoutchouc.

Le troisième groupe de produits coloniaux est constitué par les oléagineux, et sa valeur est encore bien plus considérable que celle des deux premiers :

|  | Francs. |
|---|---|
| Arachides | 46 000 000 |
| Sésame | 25 000 000 |
| Coprah, palmiste, etc., etc. | 39 000 000 |
| Coton (graines de) | 8 000 000 |
| Huiles extraites de ces graines | 23 000 000 |
| Total | 141 000 000 |

Nous n'ignorons nullement que ces importations étrangères d'origine coloniale inspirent les craintes les plus vives aux défenseurs de certaines graines oléagineuses françaises. On va prochainement demander au Parlement un relèvement de tarif pour les huiles et des droits d'entrée sur les graines ou fruits oléagineux exotiques. En admettant que ces droits nouveaux soient votés par les Chambres, ils n'empêcheront pas les produits indiqués dans notre tableau de pénétrer en France parce que notre industrie a besoin de ces matières premières.

Leur prix pourra être momentanément rehaussé artificiellement, mais les importations ne cesseront pas et continueront à se développer. Le consommateur fera les frais de la protection accordée aux planteurs de colza et ce sera tout. Il serait même plus simple, plus sûr, et plus économique d'accorder à ces cultivateurs des primes analogues à celles dont bénéficient déjà les producteurs de lin et de chanvre. On éviterait ainsi d'imposer un sacrifice à tous les consommateurs d'oléagineux coloniaux sans être certain de relever suffisamment les cours des graines grasses produites en France. La prime directe inscrite au budget a au moins le mérite de révéler clairement l'importance d'une subvention déguisée sous le nom de taxe protectrice; on sait exactement à quelles personnes elle profite et son incidence ne peut être l'objet de discussions interminables ou de doutes impossibles à dissiper comme lorsqu'il s'agit d'un droit de douane.

Quoi qu'il advienne, la valeur des produits oléagineux importés à l'heure actuelle ou dans l'avenir reste ou restera considérable.

Mais l'importance des transactions qui portent sur cette catégorie de marchandises le cède encore à celle des textiles. Sans parler du chanvre et du lin, qui ne sont pas des produits coloniaux, n'avons-nous pas le coton, le jute, le phormium et les autres fibres provenant des diverses colonies tropicales? Est-ce que la soie elle-même ne peut pas être considérée comme une denrée coloniale, puisque nos colonies d'Indo-Chine, notamment, seraient capables de nous en fournir des quantités considérables, tirées aujourd'hui de l'Extrême-Orient. Or, voici la valeur de nos importations à l'heure actuelle :

|  | Francs. |
|---|---|
| Coton | 274 000 000 |
| Jute | 36 000 000 |
| Phormium et autres fibres | 9 000 000 |
| Total | 319 000 000 |

En tenant compte seulement des soies brutes venues d'*Extrême-Orient*, il faudrait ajouter 180 millions à ce chiffre, ce qui le porterait à 499 millions de francs, — soit un demi-milliard en chiffres ronds *chaque année*!

En dehors des quatre catégories de marchandises déjà indiquées, il en est deux que nous avons omis de signaler, mais qui ne laissent pas cependant d'être fort intéressantes. La première est représentée par le riz. Nous importons depuis quelques années :

|  | Francs. |
|---|---|
| Riz en paille | 7 800 000 |
| Brisures | 7 700 000 |
| Riz entier | 25 200 000 |
| Farines et semoules | |
| Total | 40 700 000 |

Ces riz ou leurs dérivés proviennent presque exclusivement des colonies anglaises, de l'Inde notamment, ou de l'Indo-Chine française. La consommation augmente au lieu de décroître, et ce chiffre global de 40 millions sera dépassé d'ici quelques années.

Voici maintenant les sucres coloniaux provenant de nos Antilles françaises ou de la Réunion. Ils représentent encore une valeur de 20 millions au moins pour les importations annuelles.

Récapitulons, maintenant, avant de terminer, et additionnons les sommes correspondant à chacun des cinq groupes que nous venons de distinguer parmi les denrées d'origine coloniale; nous trouvons :

|  | Francs. |
|---|---|
| 1° Denrées alimentaires n'ayant pas de similaires en Europe............. | 136 000 000 |
| 2° Matières premières industrielles.... | 112 000 000 |
| 3° Oléagineux ........................ | 141 000 000 |
| 4° Textiles et soies d'Extrême-Orient... | 500 000 000 |
| 5° Riz et sucres de canne des colonies françaises...................... | 60 000 000 |
| Total ............... | 949 000 000 |

Au total déjà formidable de 949 millions, il faudrait ajouter la valeur de nos achats, dans certaines colonies, de peaux, cornes, teintures, parfums, gommes, produits pharmaceutiques, et minerais...

Dès à présent, que représente ce chiffre de

949 millions d'importations *annuelles* constituées par des produits coloniaux de la zone du globe dans laquelle se trouvent précisément nos colonies? Pour le savoir, il suffit de le comparer au montant de nos importations générales. Celles-ci s'élèvent à 4 milliards 648 millions en 1903, et la valeur des produits coloniaux achetés par nous représente 20 p. 100 de cette somme, soit un cinquième.

Quelle conclusion peut-on tirer de cette comparaison, si ce n'est la nécessité reconnue et évidente de recourir à la production coloniale pour compléter la production agricole métropolitaine.

Nous disons *compléter* — qu'on le remarque bien — car nous n'admettons pas un instant que les colonies puissent nuire par leur concurrence à la mère patrie. Il est clair, tout d'abord, que cette concurrence n'existe pas quand il s'agit de denrées comme le café, le caoutchouc, la nacre, le coton et le jute. L'Europe ne produit pas ces cinq premières marchandises; quant aux deux autres, elles ont des qualités et des usages tels que nous ne pouvons pas nous en passer et que leur concurrence agit très faiblement sur la valeur des chanvres ou des lins.

Les encouragements ou la protection douanière accordés à la production nationale n'empêcheront pas la métropole de recourir aux importations coloniales pour les textiles. Il en serait de même pour les oléagineux. Nous sommes donc contraints de recourir aux producteurs coloniaux pour assurer notre approvisionnement.

Il reste à savoir pourquoi nous ne demanderions pas à nos propres colonies une part des marchandises qu'il nous faut acheter, aujourd'hui, dans les colonies étrangères. C'est là, précisément, le rôle de la France coloniale.

Nous ne pouvons même espérer élargir les débouchés ouverts à l'industrie métropolitaine dans nos colonies qu'à la condition de leur acheter ce que nous fournissent, à cette heure, les colonies étrangères. A moins de *donner* des marchandises métropolitaines, il faut bien, en effet, les échanger contre les produits tirés de nos colonies. Celles-ci sont-elles en état de nous payer ce que nous voudrions leur vendre? Évidemment non, puisqu'elles ne produisent pas encore les denrées qui feraient la contre-partie de nos envois.

Ce que nous venons de dire plus haut prouve, cependant, jusqu'à l'évidence, que le marché métropolitain est largement ouvert et qu'il peut absorber des quantités énormes de produits coloniaux. C'est à nos colons de le comprendre et d'en profiter ; c'est à nous qu'il appartient de le dire et de le répéter.

Il était en tout cas utile de faire justice tout d'abord d'une erreur et de démontrer que les denrées coloniales introduites sur nos marchés représentent des sommes énormes. Peu de gens le savent; il importe de le leur apprendre.

*<br>* *

Voici, maintenant, un autre problème d'économie rurale coloniale qui doit être résolu. Faut-il favoriser nos colons par des détaxes coloniales considérables et les engager ainsi à produire des denrées telles que le café, le cacao, le poivre, qui seraient appelées à pénétrer en France sans acquitter aucun droit, tandis que les marchandises d'origine étrangère continueraient à subir des droits fiscaux extrêmement élevés? Nous pensons que cette faveur pourrait avoir les plus fâcheuses conséquences. Elle priverait, tout d'abord, notre budget métropolitain d'une recette qui profiterait exclusivement à certains planteurs; elle assurerait une prime énorme à cette catégorie de colons et porterait les autres à négliger des cultures assurées d'un débouché plus large et plus sûr, mais moins lucratif d'une façon immédiate. On a déjà consenti à réduire de 50 p. 100 les droits fiscaux qui frappent à leur entrée en France les cafés, thés, poivres, cacaos, produits dans nos colonies.

C'est l'équivalent d'une prime considérable. Elle peut être momentanément acceptée comme un encouragement jusqu'au moment où la production coloniale aura pris un réel essor et contribué dans une mesure assez large à l'approvisionnement de la métropole.

Aller au delà ce serait faire vivre nos plantations coloniales sous un régime d'exception tout à fait décevant et dangereux. Déjà le Cambodge, par exemple, peut suffire à la consommation de la France pour le poivre. Les quantités produites au delà de ce maximum déterminent une baisse sur le marché métropolitain ou bien doivent être vendues à l'étranger à des cours inférieurs, puisque la taxe qui relève les prix cotés en France n'est plus attribuée — pour moitié — aux planteurs. Une crise est à prévoir, et il en serait de même pour le café si la production de nos colonies arrivait à égaler notre consommation — *pour les sortes que ces colonies sont capables d'envoyer en France.*

Il est bien plus sage de ne pas se livrer exclusivement à des cultures primées et favorisées ; l'intérêt des colons comme celui de la mère patrie exige que l'on développe surtout la production des denrées qui ont un débouché très large tant à l'étranger qu'en France. Les textiles et les oléagineux sont dans ce cas.

*
* *

Il y aurait également à constituer dans quelques-unes de nos colonies tropicales, en Indo-Chine, par exemple, des plantations d'arbre à caoutchouc et à gutta. Dans une conférence faite récemment au Jardin colonial de Nogent-sur-Marne, M. le comte de Jouffroy d'Abbans signalait l'œuvre accomplie en Malaisie, et il ajoutait à ce propos :

« Le résident général dans les États fédérés malais, M. Treacher, déclare que l'on peut attendre des résultats extrêmement rémunérateurs de la saignée des arbres à caoutchouc plantés.

« Il est impossible à tout visiteur attentif de ne point reconnaître la merveilleuse croissance des plantations dans presque tous les districts de la presqu'île, et principalement de celles situées sur les terrains d'alluvion bien drainés dont nous avons une si grande étendue.

« Durant l'année écoulée, deux experts en caoutchouc bien connus ont visité Selangor et les Negri Sembilan ; ils ont affirmé qu'ils n'ont vu nulle part une meilleure croissance et ils ont manifesté leur surprise de l'énorme rendement obtenu en latex par unité de nos jeunes arbres livrés à la saignée.

« Il n'y a pas de doute que nous sommes en présence d'une industrie nouvelle de grand avenir et que la péninsule malaise enlèvera au Brésil la première place qu'il occupe aujourd'hui comme contrée productrice du meilleur caoutchouc. C'est là une prophétie audacieuse, mais elle est justifiée par des indications sérieuses.

« Messieurs, il y a vingt années, le gouverneur anglais de Ceylan prédisait aux planteurs de cette colonie, victimes de la maladie des caféiers, que l'arbre à thé les relèverait de la ruine et qu'ils dépasseraient la Chine comme producteurs de thé. Cette prophétie est aujourd'hui justifiée. Je crois, pour ma part, à la réalisation prochaine, dans deux ou trois ans au plus, de la récente prophétie de M. Treacher. Le caoutchouc sera, en Malaisie, la revanche du café, comme le thé l'a été et l'est encore à Ceylan. Trois millions d'arbres d'*Hevea bresiliensis* produiront en 1906 10 millions de livres de caoutchouc *Para*, parfaitement pur, translucide comme de la gelée de coing et d'une valeur de près de 100 millions de francs, si les cours actuels se maintiennent.

« A ces résultats attendus et même escomptés des plantations d'*Hevea bresiliensis* viendront s'ajouter le rendement d'un million d'arbres de *Ficus elastica*, en malais *Gutta ramboun*, en anglais *India rubber*. Reste la culture des arbres à gutta-percha, des *Dichopsis*, qui, j'en suis sûr, ne tardera pas à être entreprise par l'initiative privée. Le gouvernement anglais se borne pour le moment à organiser un service forestier, à protéger par le déblayage les arbres existants, à préparer pour le bouturage et la transplantation futurs les pépinières naturelles, très nombreuses dans les États fédérés, et surtout à Perak. »

Au Tonkin ou en Annam, on pourrait constituer de pareilles plantations avec le *Ficus elastica* notamment, dont le latex bien préparé fournit un excellent caoutchouc. A propos de lianes à caoutchouc si nombreuses dans le sud du Tonkin et surtout dans la vallée du Song-Co, au Traninh, etc., des essais de reproduction ont déjà été tentés. Dans une note du *Bulletin économique* de l'Indo-Chine (décembre 1902), nous trouvons cette indication :

« La *culture* des variétés plus riches, ou comme qualité ou comme quantité, pourra être conseillée aux planteurs avec quelque autorité surtout lorsque les essais commencés dans différents jardins auront permis de grouper un certain nombre d'observations exactes. Déjà un colon, M. Arnavon, a créé au Lang-Bian une plantation de lianes. »

On nous répondra qu'il faut attendre trop longtemps pour obtenir un produit rémunérateur, et que les capitalistes exigent une rémunération rapide et périodique, sans aléa. La même objection peut être faite à l'égard des plantations d'oliviers en Tunisie, et cependant on sait quel a été l'extraordinaire développement de cette culture aux environs de Sousse et de Sfax depuis dix ans.

M. de Jouffroy d'Abbans, que nous citions plus haut, indique la méthode employée en Malaisie pour utiliser le sol pendant la période de croissance des arbres à caoutchouc ou à gutta.

« Étant donné qu'il faut attendre cinq ans avant que les arbres donnent une récolte en feuilles, pour alimenter une usine, la nécessité s'impose pour une entreprise particulière d'inaugurer parallèlement à la plantation des *Dichopsis* une autre culture, une autre industrie immédiatement rémunératrice, comme, par exemple, une exploitation de forêts, le gambier, le poivre, les ananas; les plantes aromatiques à huiles essentielles : patchouli, limon grass, citronnelle.

« C'est ainsi qu'opèrent, dans la région malaise, les planteurs d'arbres à caoutchouc : *Ficus elastica* et *Hevea bresiliensis*.

« J'ai visité de nombreuses plantations tant dans les États fédérés malais, de la péninsule de Malaisie, que dans la riche province de Déli, à Sumatra.

« Dans les Negri Sembilan, j'ai vu ces plantations menées de front avec des cultures de manioc (pour le tapioca), d'ananas, de gambier, etc.

« Dans l'État de Selangor, plus de 20 000 hectares d'anciennes plantations de café cèdent progressivement la place à l'*Hevea bresiliensis*. Les caféiers sont encore en rapport; mais le jour n'est pas éloigné où le caoutchouc, de la qualité *Para*, constituera l'unique rendement.

« A Perak et dans la province de Wellesley, il est peu de plantations de canne à sucre ou de manioc qui n'aient également, comme réserve de l'avenir, leur plantation de caoutchoutiers. »

Rien ne s'oppose à ce que l'on procède de la même façon en Indo-Chine. La culture du manioc, notamment, et la fabrication de la fécule peuvent être l'objet de toute l'attention des planteurs.

Mais à quelles conditions trouvera-t-on précisément des colons qui veuillent et qui puissent utiliser de cette façon le territoire de nos colonies?

C'est là, à vrai dire, une question d'ordre général, et son importance est si grande qu'il est bon de lui consacrer un chapitre spécial. Nous lui donnerons pour titre : « Comment coloniser? ».

## COMMENT COLONISER

« Nous devrions coloniser; — nous ne savons pas coloniser; — nous avons des colonies et pas de colons; — tous nos colons sont fonctionnaires ou aspirants fonctionnaires. »

Ce sont les critiques habituelles; nous les connaissons, vous les connaissez aussi. Il reste à savoir ce qu'elles valent.

« Nous devrions coloniser. » Oui; et l'on a raison, mais c'est une banalité. Pourquoi devrions-nous coloniser? Voilà ce qu'il faut comprendre pour savoir où l'on marche et ce que l'on veut.

Notre beau, notre grand et cher pays possède deux catégories de richesses aussi indispensables l'une que l'autre parce qu'elles se complètent : des activités et des capitaux. Cherchez des hommes jeunes, énergiques, instruits, dévorés du désir d'agir et de se faire leur place au soleil. Vous en trouverez, non pas dix, ni cent, mais mille. Ils cherchent eux-mêmes l'occasion désirée, l'emploi de leur activité et de leurs connaissances, et pour cela des moyens d'action, c'est-à-dire des capitaux.

Quant aux capitaux, la France en est si riche qu'elle en est comme embarrassée.

Cela est si vrai que les capitalistes se font con-currence à l'envi et se contentent d'un intérêt dérisoire. Nous prêtons un peu à tout le monde — quitte à subir de temps à autre des désastres effroyables, et... l'on recommence.

Eh bien! voyez-vous *pourquoi* nous devrions coloniser? C'est précisément pour pouvoir trouver au dehors, sur des terres françaises, chez nous, l'emploi de ces activités et de ces capitaux. Voilà la raison, la vraie, la seule. Coloniser, c'est utiliser dans de meilleures conditions des hommes et des capitaux; c'est faire, — en dépit des échecs inévitables, — la fortune des Français qui s'expatrient et celle des capitalistes qui leur fournissent des avances, des matériaux, des machines.

Coloniser — dans le bon et le vrai sens du mot — c'est trouver le moyen de gagner, sur une terre nouvelle, plus d'argent qu'on en eût gagné dans la mère patrie. On crée de cette façon des richesses qui, sans cela, ne seraient pas nées. On fonde la fortune des colonies tout en accroissant celle du pays qui les a conquises.

Voilà *pourquoi* nous devrions coloniser. Voilà le but; nous verrons tout à l'heure comment il est possible de l'atteindre.

« Nous ne savons pas coloniser. » C'est une exagération. En Afrique, nous avons accompli une œuvre considérable. Or, la colonisation de l'Algérie ne date pas de plus de cinquante ans; celle de la Tunisie a commencé réellement il y a

vingt ans. Attendons ; le temps est le facteur indispensable à toute œuvre un peu grande. La colonisation romaine en Afrique a demandé deux
siècles. Les Anglais ont mis plus de cent ans à
organiser leur empire colonial.

Nous ne savons pas encore coloniser parce que
notre domaine asiatique et africain date d'hier.
Nous n'avions ni plan d'ensemble, ni traditions,
ni connaissances des hommes et des choses.

On n'improvise rien en ce monde, si ce n'est
des sottises. La côte occidentale d'Afrique vient
d'être conquise. Le Tonkin et l'Annam sont paci-
fiés depuis dix ou douze ans. Et l'on nous reproche
de ne pas avoir administré, fouillé, cultivé tous
ces pays ; de ne pas y avoir installé des usines,
des exploitations agricoles, des comptoirs com-
merciaux aussi nombreux que les magasins de
Paris ou de Lyon !

Quelle aberration ! Faites-nous crédit ; et en
attendant, informez-vous. Voyez quel développe-
pement ont pris des centres comme Saïgon ou
Hanoï depuis quinze ans ; visitez nos colonies
avant d'en médire et de nous dire dédaigneuse-
ment : « Vous ne savez pas coloniser. » — Attendons, parce qu'il faut faire tout à la fois l'éducation du colon et celle du Français de la Métropole.
— C'est même le Français de France qu'il est
plus difficile d'instruire, d'attirer, de convaincre,

de rendre bon colon. — Je plaisante, sans doute, en parlant du Français de France qui doit être bon colon. — Nullement. Tout est là, au contraire. — Le colon colonisant qui va en Indo-Chine, au Congo ou à Madagascar, ne peut rien s'il n'a pas derrière lui — en France — des hommes, des capitalistes qui ont étudié une affaire, qui l'ont préparée, organisée, rendue viable en fournissant des ressources. On ne fait rien dans les colonies sans argent. C'est le colon de France qui est chargé de le fournir et de l'exposer à bon escient, c'est-à-dire après avoir prévu tout ce qu'on peut prévoir pour en assurer le succès.

Envoyer aux colonies des hommes sans ressources, c'est une pure folie. Tout est à faire dans un pays neuf. Le capital est aussi indispensable que l'homme.

Le Français de France, qui fournit le capital et fonde une entreprise bien étudiée est aussi utile que le colon qui émigre. Mais il faut précisément trouver les colonisateurs instruits des choses coloniales; il faut qu'ils aient eu le temps de faire leur éducation et d'assurer le succès d'une colonie parce qu'ils auront fourni l'instrument sans lequel on ne fait rien : l'argent.

Eh bien! l'éducation du Français qui fait de la colonisation est longue parce qu'elle est difficile. L'œuvre est à peine commencée. Attendons.

Mais on nous dit encore : « Vous avez des colonies et pas de colons! » Je pourrais répéter le mot de tout à l'heure : Attendons. Mais il y a mieux à dire. Le public ignore les réalités coloniales, et cela est naturel; on ne les lui a jamais enseignées. — Les voici. A part l'Algérie et la Tunisie, toutes nos colonies sont placées dans la zone *tropicale*. C'est un mot? Non, c'est toute une révélation pour ceux qui ont vécu dans ces pays, ne serait-ce que six mois.

Ce mot « tropicale » signifie que le climat interdit à l'Européen, sous peine de maladie ou de mort, de se livrer à un effort physique, à un travail prolongé. Le colon ne peut et ne doit être qu'un directeur, un chef, un ingénieur ayant à sa disposition les connaissances scientifiques, commerciales, techniques de l'Européen intelligent et se servant de l'indigène comme travailleur manuel.

Dans ces conditions, le nombre des colons se réduit à celui que représente chez nous le personnel de patrons, de contremaîtres, de directeurs ou d'ingénieurs.

Embarquer des Français ou des familles françaises pour leur faire cultiver le sol de l'Annam, du Tonkin, du Congo ou de Madagascar, c'est une impossibilité — ou une folie criminelle.

Il ne peut donc y avoir, dans nos principales colonies asiatiques ou africaines, que des colons *en petit nombre*, actifs, instruits, bien pourvus de capitaux. Nous ne pouvons avoir que des chefs, quelques sous-officiers, et c'est tout.

Il est donc inutile de rêver le peuplement de nos colonies tropicales par des Français, et surtout par de pauvres diables dont la métropole voudrait se délivrer — par philanthropie — pour faire leur bonheur en les envoyant devenir millionnaires au delà des mers. — C'est une erreur, résultat d'une ignorance complète des conditions possibles de la colonisation dans des pays où l'indigène est parfois si nombreux qu'il est obligé d'émigrer.

Peu de colons : une élite ; beaucoup de capitaux bien employés après une étude attentive des entreprises possibles parce que lucratives. C'est tout le programme colonial en deux lignes. Mais ne cherchons pas à peupler nos colonies.

« Tous nos colons sont fonctionnaires. » C'est le sujet d'une pièce amusante. Vous n'attendez pas de moi que j'en fasse l'analyse.

C'est entendu, nous avons des fonctionnaires aux colonies et cela est fort naturel parce qu'on ne peut pas s'en passer ; pas plus qu'en France d'ailleurs.

Il faut administrer les populations indigènes ; il faut assurer la marche des services publics : les travaux publics, les finances, les postes, les tribu-

naux. Le fonctionnaire arrive en même temps que
le corps d'occupation ou le premier colon. L'essentiel, c'est d'avoir de très bons fonctionnaires,
connaissant le pays, la langue, les mœurs, évitant
les conflits avec l'indigène, restant longtemps
dans le pays parce qu'ils sont bien payés et justement honorés. Le fonctionnaire colonial doit être
recruté parmi une élite, comme le colon, et faire
fortune comme lui, en recevant des appointements
élevés parce qu'il rend des services considérables.
Voilà la vérité!

On se plaint que les colons briguent des fonctions. C'est un enseignement, une indication précieuse; et mon paradoxe est une vérité. Voici
pourquoi :

On va aux colonies pour y trouver un emploi
meilleur de son activité. Nous l'avons dit. Pourquoi le colon aspire-t-il à être fonctionnaire? Tout
simplement parce que c'est le seul emploi certain
et plus ou moins bien rémunéré qu'il rencontre.
Créez, au contraire, des débouchés à toutes ces
activités et elles ne solliciteront plus de places.

Déplacer le capitaliste, l'amener sur place avec
des gens compétents, l'amener à s'instruire, à se
convaincre, à devenir le colon qui fonde et orga-
nise, sans résider dans la colonie, voilà l'œuvre
à accomplir, la plus importante de toutes, la plus
décisive pour l'avenir de nos colonies. Ce chapitre

a pour titre : « Comment coloniser? » — Eh bien! voilà comment on colonise; c'est en faisant l'édudation de ceux qui possèdent, en France, des moyens d'action sans lesquels on ne peut rien. S'ils veulent et s'ils savent organiser des entreprises prospères, les activités collaboratrices ne leur feront pas défaut.

Le colon fonctionnaire aura trouvé ce qu'il cherche : une fonction. Au lieu d'être uniquement administrative, cette fonction sera différente : elle aura pour objet une œuvre économique féconde, pour résultat le développement de notre richesse et de notre puissance nationales.

# CHAPITRE VII

Le professeur Sanson et son œuvre.
Les questions zootechniques.

L'homme dont nous venons d'écrire le nom en tête de ce chapitre a eu des idées neuves et justes en matière d'économie rurale. Sa mort récente nous fait un devoir de rappeler le mérite de son œuvre en ce qui touche plus spécialement les doctrines économiques, seules questions qui soient de notre compétence.

*<br>* *

Le professeur Sanson a le premier — ou l'un des premiers tout au moins — compris et exposé clairement le rôle économique des animaux domestiques considérés comme des producteurs de richesse et des agents *créant des valeurs*.

Avant lui, les agronomes considéraient le bétail comme un « mal nécessaire », selon l'expression consacrée. A leurs yeux, la présence des animaux de trait ou de rente dans une exploitation rurale était simplement justifiée par la nécessité d'utiliser des moteurs animés ou de produire du fumier, seul engrais dont la valeur fertilisante fût bien connue. On n'avait pas compris et constaté que l'animal *transforme* des aliments et leur donne ainsi une *valeur* supérieure à celle qu'ils auraient acquise si on les avait vendus.

Les méthodes de comptabilité en usage dans quelques domaines paraissaient donner raison aux partisans de la doctrine en vertu de laquelle le bétail passait pour un « mal nécessaire ». Les comptes spéciaux de culture, établis par certains agronomes, évaluaient d'une façon très arbitraire le débit et le crédit du compte bétail. En élevant le prix des matières végétales consommées par les animaux (acheteurs fictifs), on faisait habituellement perdre le compte bétail pour grossir fictivement les gains des cultures. La conséquence logique de ces calculs eût été la réduction ou la suppression du bétail; mais l'on se heurtait alors à une difficulté, ou plutôt à une impossibilité, celle de cultiver sans avoir des animaux de trait ou sans posséder les troupeaux qui produisaient le fumier dont l'on ne pouvait se passer. — Le bétail, en définitive, était donc un mal, puisque la comptabilité démontrait que son compte était en perte ; mais ce mal était nécessaire, puisque l'on ne pouvait réussir à cultiver sans animaux.

« Aujourd'hui, dit avec raison M. Sanson, il est reconnu que le bétail est en perte seulement quand il est mal exploité, et que, de plus, son exploitation, conforme aux enseignements de la zootechnie scientifique, est partout la source la plus certaine des profits agricoles [1]. »

Cette conclusion n'est que la conséquence des observations faites avec soin en comparant à la valeur marchande ordinaire des produits végétaux consommés, celle que le bétail leur a fait acquérir en les transformant. Il y a là une idée très intéressante sur laquelle il est bon d'insister comme le fait l'auteur lui-même.

Le compte d'exploitation des machines animales a un débit et un crédit comme les comptes de commerce quelconques. Il ne diffère de ces derniers que par les éléments constituants du débit et par son mode de clôture. Le compte commmercial se clôt par une balance qui le constitue finalement débiteur ou créditeur, selon que la somme des crédits l'emporte sur celle des débits, ou celle des débits sur la somme des crédits. Celui des machines animales ne peut pas se balancer de la sorte, ses deux parties n'étant pas constituées d'unités du

1. *Traité de zootechnie*, 4ᵉ éd., t. I, p. 7, à la Librairie agricole, 26, rue Jacob.

même ordre. Dans ce compte, le crédit déter-
mine, par sa qualité de commune mesure, la
valeur des principaux éléments du débit.

Ce débit se compose des quantités de matières
alimentaires ou matières premières consommées
par l'animal pour son entretien ou pour le fonctionnement de ses organes producteurs, plus, des
sommes d'argent qu'il a fallu payer pour les frais
quelconques qu'il a occasionnés. Le crédit est
composé des sommes encaissées par la vente de
ces produits. La puissance productrice de l'animal,
considéré comme machine à transformation, sera
exactement mesurée par la valeur donnée à ses
aliments, valeur représentée par la somme de son
crédit, moins les frais portés à son débit. De deux
machines animales de même espèce ayant con-
sommé les mêmes aliments et occasionné les
mêmes frais, la plus puissante ou la meilleure,
la plus avantageuse à exploiter sera celle dont le
crédit atteindra la plus forte somme, ou bien, si
l'alimentation ou les frais ont été différents, celle
dont le crédit fera ressortir, pour l'unité alimen-
taire, la valeur la plus élevée.

Pour préciser davantage, donnons un modèle
de la comptabilité dont il s'agit, par exemple pour
une vache produisant du lait :

**Compte de la vache N... pendant le mois de janvier.**

<table>
<tr><td colspan="2">Débit.</td><td colspan="2">Crédit.</td></tr>
<tr><td>Foin de luzerne.....</td><td>55<sup>k</sup>,800</td><td colspan="2">248 litres de lait</td></tr>
<tr><td>Betteraves .........</td><td>279</td><td colspan="2">vendu à raison de</td></tr>
<tr><td>Paille d'avoine......</td><td>62</td><td>0 fr. 70 le litre..</td><td>173<sup>fr</sup>,60</td></tr>
<tr><td>Remoulages........</td><td>43 ,400</td><td></td><td></td></tr>
<tr><td>Salaire du vacher...</td><td>4<sup>fr</sup>,33</td><td colspan="2">A déduire :</td></tr>
<tr><td>Entretien et intérêt</td><td></td><td></td><td></td></tr>
<tr><td>de l'étable........</td><td>» 50</td><td>Total des frais.....</td><td>51 ,95</td></tr>
<tr><td>Frais de vente du lait</td><td>47 ,12</td><td>Reste...........</td><td>121<sup>fr</sup>,65</td></tr>
<tr><td>Total des frais...</td><td>51<sup>fr</sup>,95</td><td></td><td></td></tr>
</table>

« Dans cet exemple, qui n'a rien de fictif, car il
est tiré de l'une des exploitations des environs de
Paris qui vendent du lait de pureté garantie, il est
clair que la vache N... a donné une valeur totale
de 121,65 à l'ensemble des matières alimentaires
portées au débit de son compte. Toutes celles de
la vacherie dont elle fait partie ont reçu la même
ration durant le même mois et elles ont occasionné
les mêmes frais, leur lait a été vendu le même
prix. Leur compte ayant été établi de même
permet donc de comparer avec la plus grande
facilité leur valeur industrielle, puisque celle-ci se
mesure exactement par la valeur même des crédits
respectifs, qui est le but de l'exploitation.

« Mais, dans l'état actuel de la science, nous
sommes en mesure d'aller plus loin. Ce que
nous venons de voir permet de déterminer avec
certitude la valeur moyenne donnée par les
machines animales à leur ration journalière, qui,

dans le cas que nous avons pris pour exemple, en admettant que la vache ne produise que du lait, ressortirait à 121 fr. 65 : 31 = 3 fr. 92. Nous avons le moyen d'établir la répartition de cette valeur entre les divers aliments composants de la ration, au prorata de la part que chacun d'eux a prise à la production. Ce moyen sera indiqué à sa place, quand nous aurons étudié la physiologie de la digestion à laquelle il se rapporte. *Il nous met en état de contrôler, par la comptabilité, la valeur relative des combinaisons nombreuses auxquelles se prêtent les diverses matières alimentaires de même ordre, pour la composition des rations.*

« Nous pouvons ainsi, en connaissance de cause, donner la préférence, soit pour les cultiver, soit pour les acheter, à celles auxquelles les animaux, en les transformant, donnent la plus grande valeur. »

La comptabilité zootechnique, on le voit, fait donc acquérir aux opérations dont le bétail des fermes est l'objet un caractère de précision scientifique qui lui manquait complètement. Ces opérations ne peuvent être sans elle jugées d'une manière exacte. En les considérant en bloc dans le compte de caisse de l'exploitation, ainsi que quelques-uns le préconisent comme suffisant, un par genre d'animaux, à l'aide d'évaluations arbitraires, comme cela se pratique, il est impossible, de l'une ou de l'autre sorte, de trouver un contrôle pour les solutions particulières du problème zootechnique tel qu'il doit être posé. Ce contrôle est au contraire facile par le procédé que nous venons d'exposer.

En effet, le critérium de la solution est tout entier dans la valeur donnée aux aliments pour l'exploitation de la machine animale. Celle-ci transforme les aliments qui ont ou qui n'ont pas cours sur le marché. Parmi ces aliments, il en est qui pourraient indéfiniment être vendus sur le marché en nature ou livrés au bétail, d'autres pour lesquels l'option n'est point admissible. Quoi qu'il en soit, la valeur que le travail de transformation a fait acquérir dans le cas considéré a toujours un point de comparaison. Ce point est pour les uns le prix d'achat, ou le prix de vente possible sur le marché; pour les autres, la valeur donnée au produit de l'hectare cultivé.

Si cet hectare cultivé en fourrages a produit, après leur consommation par le bétail, une valeur de 1 000 francs tandis qu'il n'en aurait produit qu'une de 900 francs avec une récolte vendue directement, la solution zootechnique est évidemment bonne. De même si, comme dans le cas de notre exemple, les remoulages achetés 16 francs les 100 kilogrammes ont été vendus, sous forme de lait, 19 francs, les betteraves 21 fr. 20 les 1 000 kilogrammes, le foin de luzerne 110 francs les 500 kilo-grammes, il est clair que, en faisant consommer par des vaches, dans les conditions où il opère, le foin de luzerne produit par sa ferme, à quelques lieues de Paris, l'agriculteur en question a mieux agi que s'il avait, comme la plupart de ses confrères, fait conduire ce foin sur le marché de la capitale pour le vendre au cours de 75 francs; il a gagné 60 p. 100.

Les solutions zootechniques se jugent donc en les comparant, soit avec le cours des denrées végétales sur le marché, soit avec le produit des diverses cultures, ou bien par comparaison des diverses valeurs créées par les machines animales de même espèce ou d'espèces différentes. Leur appréciation est donc exclusivement du ressort de la comptabilité. En dehors de celle-ci, le juge-ment ne peut avoir aucune base solide.

*
* *

Toutes les idées exprimées plus haut ont la plus grande valeur au point de vue du rôle que doit jouer le bétail dans les exploitations rurales, et le professeur Sanson a eu le rare mérite de les développer le premier, d'en voir clairement et d'en montrer la haute portée.

On remarquera que l'auteur est conduit à considérer le fumier produit par les animaux comme un résidu industriel et non pas comme une matière fabriquée à laquelle on attribue une valeur et un prix de revient. Non seulement le bétail bien exploité doit fournir gratuitement ce résidu, mais encore il doit donner un bénéfice correspondant à une valeur créée au moyen de la transformation des aliments.

L'essentiel, comme le remarque avec raison M. Sanson, c'est d'exploiter des machines animales bien construites, c'est-à-dire bien adaptées au milieu dans lequel elles doivent vivre et propres au genre de service qu'on attend d'elles, puis de les nourrir en leur fournissant des rations alimentaires combinées de façon à obtenir la valeur la plus élevée possible pour chacun des éléments qui les constituent.

Cette adaptation du bétail au milieu dans lequel il doit vivre fait écarter immédiatement l'idée d'une race ou d'un type supérieurs à tous les autres, et qu'on devrait substituer partout aux individus ou aux races existantes dans une région déterminée.

M. Sanson cite un exemple entre cent de cette influence du milieu à propos des vaches laitières. « Nul doute, dit-il, que, sur le mont Righi, par exemple, la vache la plus capable des polders de la Hollande septentrionale ne se montrât inférieure à la vache suisse de capacité moyenne. Le transport des vaches hollandaises les plus puissantes dans les régions méridionales à climat sec a montré bien des fois que la valeur des machines laitières est essentiellement dépendante des circonstances climatériques. »

*<br>* *

Dans son *Traité de zootechnie* désormais classique, M.. Sanson consacre un chapitre très important à la *Précocité*, c'est-à-dire au développement rapide des sujets qui parviennent à l'état adulte bien avant l'âge habituel.

Les animaux dont l'élevage a pour objet l'utilisation comme viande de boucherie restent donc ou peuvent rester bien moins longtemps à la ferme, et le capital qu'ils représentent peut être *réalisé* plus vite, tout en devenant maximum.

Le poids des animaux précoces atteint, en effet, le chiffre le plus élevé auquel il puisse monter longtemps avant le moment qu'il eût fallu attendre avec des sujets ordinaires. Il y a là un profit réel pour l'éleveur, et ce profit correspond au rôle que joue d'une façon plus parfaite la machine animale considérée comme créatrice de valeur durant la période de son développement.

La précocité n'est pas, d'ailleurs, le privilège d'une race spéciale; elle est due simplement à la continuité d'une alimentation riche et digestible au maximum.

Cette question présente, à un autre point de vue, un intérêt considérable lorsqu'il s'agit notamment d'interpréter les résultats d'une statistique agricole.

La réduction du *nombre* de certains animaux, comme les moutons, par exemple, paraît être le signe d'une décadence de l'élevage. C'est le phénomène de la *dépécoration* dont on a très souvent parlé à propos de la diminution de nos troupeaux d'ovidés. — Il y a là une erreur ou une exagération. Grâce à l'amélioration des variétés exploitées et de l'alimentation, nous sommes arrivés, le plus souvent, à élever des animaux précoces. On peut donc les abattre plus jeunes et obtenir ainsi le même nombre de têtes d'animaux destinés à la boucherie avec des effectifs réduits. La quantité de viande destinée à la consommation reste la même, bien que le nombre des individus nourris dans les fermes ait diminué. Il y a plus. L'accroissement en poids vif par tête accompagnant ordinairement la précocité, nous pouvons aujourd'hui produire plus de viande de mouton qu'il y a trente ans, bien que le nombre total des animaux recensés par la statistique ait subi une réduction.

*<br>* *

Le professeur Sanson a également exposé une théorie du plus grand intérêt qui se rapporte à une fonction économique du bétail, celle qui consiste à créer des valeurs, non seulement en donnant des produits, mais encore en augmentant de valeur jusqu'à l'âge adulte.

Voici l'exposé de cette théorie à la fois exacte et ingénieuse :

« La machine animale se construit elle-même avec ses propres matières alimentaires, et elle est capable de travailler et de donner un produit bien avant l'achèvement de sa construction. Son temps d'existence, comme capital et comme instrument de production, se divise naturellement en deux périodes bien distinctes, qui correspondent à la marche normale des phénomènes biologiques. Durant la première, qui est la période de croissance, ou période de la construction de la machine, *la valeur de celle-ci va sans cesse augmentant; elle crée du capital en même temps qu'elle donne du revenu ou du produit.* Durant la seconde, qui est celle de la décrépitude naturelle, elle en consomme, diminuant progressivement de valeur, comme la machine brute. Dans cette période, elle doit, elle aussi, être entretenue et amortie. L'existence de l'être vivant peut être représentée par un diagramme dont la première partie, de longueur variable, est constamment ascendante suivie ou non d'un plateau culminant, et la seconde normalement toujours plus longue, descend jusqu'à la mort. Le point culminant correspond au maximum de valeur commerciale pour la machine animale, parce qu'il correspond aussi au maximum de puissance productrice.

« L'exposé de ces faits met en évidence, entre les deux sortes de machines, une différence capitale. Il montre que les machines animales peuvent être exploitées sans qu'il soit nécessaire d'amortir leur valeur, et même, de plus, durant que cette valeur augmente, que leur exploitation peut avoir pour conséquence, non seulement une création de revenus, comme dans le cas des matières brutes, mais, en outre, une création de capital, que le crédit du compte de cette exploitation peut s'alimenter à deux sources au lieu d'une, en même temps que disparaît du débit la prime d'amortissement. Il suffit pour cela que cette exploitation soit bornée au temps de leur période de croissance. »

Voici maintenant des exemples :

Les cultivateurs de la Saintonge et du Poitou, par exemple, achètent de jeunes taurillons venant de l'Auvergne. Il les font bistourner, puis ils les dressent au joug. Vers deux ans, ils les vendent par paires, ainsi dressés, à d'autres petits cultivateurs, auxquels ces jeunes bœufs suffisent pour exécuter leurs travaux de culture. Ceux-ci les soignent bien, et, l'année suivante, ils les vendent à leur tour, avec un fort bénéfice, à d'autres cultivateurs ayant besoin d'un attelage plus fort.

Cela se renouvelle ainsi chaque année, jusqu'à ce que la paire de bœufs arrive aux mains de l'engraisseur, qui en donne alors le plus fort prix. C'est ce qui a lieu quand, au plus tard, l'âge de cinq ans est à peine atteint. A leur arrivée d'Auvergne, ces animaux ont été payés généralement 300 francs la paire. L'engraisseur les paye 1 500 francs au moins. La force motrice nécessaire pour l'exécution des travaux de culture durant quatre années environ a été obtenue, et il a été créé dans le même temps une valeur de 1 500 — 300 = 1 200 francs, répartie entre les diverses mains par lesquelles la paire de bœufs a passé.

L'aptitude motrice chez ces jeunes bœufs est relativement faible, et, du reste, on s'applique à à ne point l'utiliser en totalité, au profit de la création du capital, qui se trouve être la fonction économique prédominante. Néanmoins, le service de cette aptitude est obtenu dans les meilleures conditions, puisqu'il n'occasionne évidemment aucune dépense, le capital créé étant plus que suffisant pour compenser les frais d'alimentation.

Ce capital se présente ici sous la forme de viande. Voyons ce qu'il serait, dans les mêmes conditions avec une aptitude étroitement spécialisée. Nous en avons des exemples nombreux dans le département de la Mayenne, où l'on produit des bœufs spécialisés, qui sont achetés entre l'âge de trente mois et celui de trois ans, par des engraisseurs de Normandie et du Nord. A cet âge, ils pèsent en moyenne 600 kilogrammes. Leur valeur est de 540 francs. On a créé ainsi par année une valeur moyenne de 180 francs, tandis que, dans le cas des bœufs auvergnats travailleurs, cette valeur n'est que de 150 francs. Mais, dans ce dernier cas, on a obtenu sans frais la force motrice qu'exige la culture du sol, tandis que, dans l'autre, il a fallu la payer en nourrissant et en amortissant un bœuf nantais spécialisé comme travailleur, dont la dépense annuelle ne peut être évaluée à moins de 280 francs[1]. Ce prix, comme on le voit, est bien supérieur à la valeur créée.

Il est tout aussi facile de démontrer que la vache la plus forte laitière, donnant le plus fort

---

1. A raison de 10 kilogr. de foin ou de leur équivalent par jour, ou 3 650 kilogr. par an, dont le prix courant est de 40 à 45 fr. les 500 kilogr.

rendement, et qui est, par conséquent, la plus spécialisée, n'est pas nécessairement celle qui, dans
l'exploitation agricole, donne le plus grand profit.

Supposons une vache arrivée à son maximum
d'aptitude qui se présente lorsqu'elle a fait son
troisième veau, c'est-à-dire lorsqu'elle a terminé
sa croissance. Admettons un rendement annuel
de 3 600 litres de lait, qui peut être considéré
comme très fort, sa valeur commerciale alors
n'est pas moindre de 700 francs. A la fin de son
année de lactation, cette valeur n'aura pas diminué
de moins de 50 francs. Au prix de 20 centimes
le litre de lait, son produit sera de $3\,600 \times 0,20$
$= 720$ francs dont il faudra soustraire sa moins-
value. Le produit net sera donc 670 francs.

La même vache, exploitée après la naissance
de son deuxième veau, n'aurait donné qu'un rendement annuel de 3 000 litres; mais alors sa
valeur commerciale n'aurait été que de 600 francs.
Au même prix par litre, son produit annuel en lait
n'aurait été que de $3\,000 \times 0,20 = 600$ francs,
mais à ce produit, il faudrait ajouter la plus-
value commerciale acquise durant l'année, soit
100 francs, ce qui porterait le produit total de son
exploitation à 700 francs, soit 30 francs de plus
que dans le premier cas.

Il est également intéressant de noter la très
curieuse division du travail qui s'observe dans

l'industrie agricole. Observateur consciencieux et perspicace, le professeur Sanson nous parle des nombreuses migrations du bétail passant de province en province pour y remplir des rôles différents. Le jeune animal vendu à huit ou dix mois est ensuite élevé et utilisé dans une autre région; il passe ultérieurement dans d'autres exploitations pour y servir de moteur, subir l'opération de l'engraissement, et terminer ses jours à l'abattoir, très loin de son pays d'origine. Cette division du travail est imposée par la nature des choses, c'est-à-dire par les aptitudes culturales des sols et la variété des travaux qui y correspondent. Elle suppose un chiffre énorme de transactions à peine soupçonnées du public et de beaucoup d'économistes aux yeux desquels la division du travail reste précisément le privilège de l'industrie.

Signalons, avant de terminer, un chapitre particulièrement utile à méditer, qui se rapporte aux conditions économiques de la production de la viande. L'auteur constate justement que le prix de cette marchandise n'a pas subi la même baisse que les produits végétaux. Il en conclut que, étant donné la richesse naturelle de notre sol, toutes les conditions sont en notre faveur pour le développement de notre production animale. Il serait donc facile de passer de la condition de pays im-

portateur à celle de pays exportateur. « Notre sol
et nos conditions climatériques se prêteraient,
dit-il, à ce que nous puissions doubler notre production bovine annuelle. »

L'auteur croit même pouvoir affirmer que le
développement de la consommation de la viande
est le plus sûr remède à l'alcoolisme. Voici comment il s'explique, à cet égard :

« La viande, dit-il, est pour l'homme l'aliment
de force par excellence. Quand on compare la
somme de travail moyen journalier que fournit
un ouvrier des villes ou de l'industrie à celle qui
est obtenue d'un ouvrier rural ou de l'agriculture,
ces deux sommes sont entre elles sensiblement
différentes comme celles qui se rapportent à la
consommation de la viande. Et, cependant, cet
ouvrier des villes ne rend pas, en moyenne, à
beaucoup près, ce qu'il pourrait rendre d'après
son poids... C'est que, dans l'état des choses sa
consommation journalière est encore loin de
répondre à son aptitude digestive...

« Le jeune ouvrier qui travaille avec ardeur
sent bientôt ses forces s'épuiser, parce que son
alimentation, insuffisamment riche, ne lui a pas
permis d'emmagasiner dans ses muscles l'énergie
nécessaire pour couvrir la dépense qu'il en fait. Il
cherche dans l'eau-de-vie un excitant qui lui
donne du cœur...

« La vraie solution serait de nous affranchir de toutes les taxes qui pèsent lourdement sur les travailleurs et ont pour effet de les mettre dans l'impossibilité de prélever sur leur salaire de quoi se procurer les subsistances qui ont évidemment leurs préférences. La vraie solution serait de faire disparaître toutes les entraves qui s'opposent à l'accroissement rapide de la consommation de la viande, par laquelle s'accuse invariablement partout la première manifestation de l'aisance... »

Nous faisons, bien entendu, les plus expresses réserves au sujet de cette théorie. Il nous semble, tout d'abord, que l'ouvrier agirait sagement en consacrant à l'achat d'une portion de viande la somme très élevée qu'il échange contre les petits verres traditionnels. — Le vœu très généreux et très raisonnable de M. Sanson ne serait-il pas en partie réalisé?

Mais ce sont là des objections trop longues à exposer. La pensée de l'auteur n'en reste pas moins très frappante et très curieuse. Il était utile de la signaler, et elle ne saurait diminuer en rien le mérite du bel ouvrage que l'auteur a consacré à l'étude de notre production animale. Son nom restera attaché de la façon la plus honorable à cette science zootechnique qu'il a pour ainsi dire créée à force de savoir et d'observation pénétrante.

Le *Traité de zootechnie* de M. Sanson devrait être lu et médité par tous les agriculteurs.


## BIBLIOGRAPHIE

*Traité de zootechnie*, par André Sanson, professeur à l'École de Grignon, 4ᵉ éd., à la Librairie agricole de la *Maison rustique*, 26, rue Jacob, Paris, 5 vol.

# CHAPITRE VIII

Le *Traité de géologie agricole* de M. E. Risler [1].

Pour comprendre et apprécier la haute valeur de cet ouvrage, il est indispensable de connaître l'idée juste et féconde qui l'a inspiré.

Tout le monde sait qu'il existe dans notre pays des régions agricoles caractérisées par la prédominance de certaines cultures. La Bretagne est, et surtout était, il y a cinquante ans, un pays d'élevage et de production laitière. En Normandie, les herbages de la vallée d'Auge sont aussi célèbres que ceux du Charolais. La Beauce, avec ses riches limons, est, en revanche, la terre à céréales par excellence.

Peut-on dire que la volonté de l'homme ait seule tracé les limites de ces circonscriptions agricoles et fait prédominer, non sans raison, ici les prairies, ailleurs les bois, les céréales, les plantes

1. Quatre volumes, chez Berger-Levrault.

industrielles ou la vigne? Ce serait pure folie que de soutenir un tel paradoxe. L'observation des faits présents, — aussi bien que l'étude de l'histoire, — nous prouve clairement que chaque région agricole possède, aujourd'hui encore, et a possédé depuis des siècles certains traits caractéristiques, une physionomie et des productions spéciales, qui dépendent des aptitudes culturales naturelles de son terroir. Sans doute, l'homme est intervenu. Pour assurer sa subsistance, il a transformé des prairies en terres arables ou défriché des bois pour faire du blé. A l'époque, déjà lointaine, où les voies de communication étaient rares et les transports coûteux, il fallait, en effet, tirer du sol, là où l'on se trouvait, des produits variés. Néanmoins, l'homme n'avait point modifié profondément la terre, et changé ses aptitudes. Comment est-il possible d'expliquer ces dernières? Le climat va-t-il nous en donner la raison? Nullement! Le Bocage normand ne ressemble pas à la plaine de Caen; le pays de Bray se distingue nettement, à première vue, des collines et des plaines de l'Oise ou de la Seine-Inférieure, au milieu desquelles il s'étend; le Charolais paraît être distant de cent lieues du Beaujolais et du Mâconnais qui le touchent. Dans ces régions si rapprochées, le climat est cependant le même.

En réalité, les terres ont des aptitudes culturales différentes, parce que leur composition et leur nature physique dépendent de leur *origine*, qui est différente.

Examinez une coupe de l'écorce solide de notre globe. Voici une terre qui repose sur une couche de schistes ou de granits.

Est-ce que le sol, neuf fois sur dix, n'est pas le produit de la désagrégation des roches qu'il recouvre aujourd'hui? Que trouverons-nous dans la terre si ce n'est les éléments que contenaient les roches dont elle provient?

Ailleurs, nous sommes en présence d'une assise spéciale de marnes comme celles du lias qu'on trouve dans le Charolais, dans le Nivernais, dans l'Yonne ou la Lorraine. Ces grandes nappes de terres ont la même origine, et, partant, les mêmes aptitudes culturales. Les belles prairies qu'elles portent, partout où on a eu l'intelligence de laisser pousser l'herbe, sont là pour nous en donner la preuve.

Tous ces terrains qui ont une même origine constituent précisément des régions agricoles, des « pays ». Les analogies ou les similitudes de leurs cultures et de leur aspect révèlent leur communauté d'origine et constituent, en quelque sorte, leurs actes de naissance.

Mais comment pourrons-nous distinguer rapidement les terrains qui constituent des zones agricoles spéciales? Tout simplement en étudiant leurs caractères *géologiques* et en déterminant la formation et l' « étage » auquel ils correspondent. Aussi les géologues ont-ils été les premiers à signaler le lien qui rattache l'origine des terres à leurs aptitudes culturales.

Elie de Beaumont et Dufrénoy[1] ont dit à ce propos :

« Le mot « pays », dans le langage des naturalistes, est très significatif et présente à l'esprit une tout autre idée que celle qu'on y attache dans le langage ordinaire.

« Il désigne un ordre tout particulier de terrain dans une certaine étendue. On se tromperait fort si l'on croyait que tout est confondu dans notre globe...

« Les contours de chacun de ces « pays », d'une composition spéciale, sont ordinairement assez faciles à saisir, parce que chacune des matières minérales qui constituent les différents compartiments de l'écorce terrestre imprime généralement à la partie correspondante de la surface des caractères particuliers ; d'où il résulte que leurs limites respectives se décèlent extérieurement par des circonstances plus ou moins frappantes que l'œil saisit avec facilité dès que l'esprit en est prévenu. »

_______________

1. *Introduction à la carte géologique de France.*

Mais, dira-t-on, quels avantages l'étude de la géologie peut-elle avoir pour l'agriculteur? C'est, précisément, ce que M. Risler nous apprend dans son ouvrage.

Tout le monde sait, aujourd'hui, que certaines terres sont incomplètes et qu'il faut, pour les rendre fertiles, leur incorporer des phosphates, des sels de potasse ou de la chaux. Mais comment distinguer avec quelque certitude les terres auxquelles il est nécessaire d'ajouter tels ou tels engrais?

« Évidemment, dit M. Risler, la composition chimique d'une terre n'a, de même que ses propriétés physiques, aucun rapport avec la division des territoires en unités cadastrales ou en circonscriptions administratives. Mais la composition chimique d'une terre et ses propriétés physiques, par conséquent tous ses caractères agricoles, ont certains rapports naturels avec le mode de formation de cette terre. Dès lors que vous saurez d'*où la terre vient*, vous serez près de savoir *ce qu'elle est*.

« Supposez que vous couvriez, comme le prescrivent certains agronomes, la surface que vous voulez étudier, d'un réseau de lignes indépendantes des limites cadastrales, mais qui se coupent à angle droit, et que vous préleviez un échantillon de terre à tous les points d'intersection. Quelque écartement que vous donniez à vos lignes, vous aurez à faire des centaines d'analyses, peut-être des milliers pour un seul département, tandis que, si vous commencez par vous rendre compte de la géologie de ce département, le problème que vous avez à résoudre prendra immédiatement une extrême simplicité. Peut-être reconnaîtrez-vous que, dans ce département, il n'y a que 15 ou 20 types différents de terrains; peut-être seulement 8 ou 10. En analysant des échantillons qui représentent bien chacun de ces types, en les contrôlant par des essais d'engrais chimiques, vous en saurez autant sur les substances que contiennent les terres *et sur celles qu'il faut leur ajouter pour les compléter* qu'en faisant au hasard du choix des centaines ou des milliers d'analyses. »

Voilà comment la géologie peut venir au secours des agriculteurs et faciliter leur travail en abrégeant leurs recherches.

Ce n'est pas tout. Du moment que nous connaissons par l'étude de la géologie la formation à laquelle se rattache le sol d'une exploitation rurale, toutes les expériences relatives aux apports d'engrais, aux assolements, aux irrigations, aux drainages, ont une portée très générale. Ils n'intéressent plus seulement un propriétaire ou un agriculteur, mais bien tous ceux qui ont à exploiter et à améliorer des terres analogues.

S'agit-il, notamment, du régime des eaux?

« Leur répartition, dit M. Risler, dépend, comme celle des matières minérales, de la constitution géologique d'une contrée. En réglant leur aménagement suivant les besoins de l'alimentation et de la production agricole, on pourrait doubler la richesse de la France. Or, la géologie seule peut nous diriger dans ce travail, elle seule peut nous indiquer la situation des dépôts de sables, de graviers ou de roches fissurées, qui se laissent traverser par les eaux de pluie tombées à leur surface, ou des couches d'argiles et de roches imperméables, qui tantôt les retiennent, tantôt les amènent au jour en sources plus ou moins volumineuses et plus ou moins régulières. »

Enfin, il est clair que c'est encore la géologie qui nous renseigne sur la situation, l'importance et la richesse des différents gisements de marnes, de phosphates, de sels de potasse, et des roches calcaires qui peuvent constituer, à l'égard des terres incomplètes, un engrais ou un amendement.

La géologie agricole a donc une extrême importance.

L'idée maîtresse de l'œuvre de M. Risler, c'est qu'il faut favoriser et non pas combattre les aptitudes culturales du sol.

Sur les terres qui sont destinées par leur composition et le régime des eaux à la production des fourrages, il faut créer ou améliorer des prairies et des herbages au lieu de s'obstiner à faire des céréales.

Sur les terres trop sèches et trop pauvres pour porter du blé et de l'herbe, il faut planter des bois.

Est-il possible, au contraire, d'améliorer rapidement, par l'apport de quelques engrais complémentaires, des terres incomplètes? N'hésitons pas à accroître, de cette façon, leur productivité et leur valeur.

Ce ne sont là que des vérités générales et des conclusions. M. Risler, dans son ouvrage, les a confirmées et éclairées; il leur a donné un relief saisissant en accumulant les observations et les faits. Chaque étage géologique a été l'objet d'une étude spéciale accompagnée de monographies détaillées qui constituent tout un cours d'agriculture comparée. L'auteur a consacré quarante années à faire cette abondante moisson, et nul autre avant lui n'avait enrichi la science agronomique d'une œuvre aussi solide, aussi variée dans ses développements, aussi féconde, croyons-nous, par les enseignements qu'on en peut tirer.

Le *Traité de géologie agricole* comprend quatre volumes dans lesquels l'auteur étudie successivement :

1° Les terres formées par des roches primitives dans des régions telles que les Vosges, le Morvan, le Beaujolais, le Plateau Central, la Bretagne, la Vendée, les Maures, l'Estérel, la Corse et l'Algérie;

2° Les terres formées par les roches volcaniques;

3° Les terrains de transition de la Bretagne, de l'Anjou, du Maine, du Bocage normand, du Cotentin et des Ardennes;

4° Les terres du trias en Lorraine;

5° Les terres jurassiques de la Bourgogne, du Nivernais, de l'ouest de la France, etc.

Le deuxième volume est consacré aux sols crétacés de différentes régions, telles que le Dauphiné, la Provence, la Touraine, la Champagne, etc.

Viennent ensuite, dans le troisième volume, les études relatives aux sols tertiaires et quaternaires de la Bresse, de la Savoie, de la Provence, du Languedoc, de la Gascogne et du Médoc.

Enfin, le quatrième volume, qui clôt cette série et termine l'ouvrage, se rapporte au sud-ouest de la France et aux terrains de formation moderne. (Camargue, marais du Poitou et de la Saintonge, polders de l'Ouest, etc., etc.)

Nous ne pouvons résister au désir de parler des beaux travaux entrepris en Camargue pour mettre en valeur les terres que la présence du sel marin rend absolument stériles.

Nous avons visité, notamment, les domaines que M. Risler cite comme exemples, ceux de M. d'Andigné au mas de Giraud, et celui de l'Armeillère, que dirige avec tant d'intelligence M. Durand. Par l'irrigation et le drainage, on est parvenu sur ces terres stérilisées à faire disparaître le sel marin. De magnifiques vignobles ont été créés dans cette partie de la Camargue, et prouvent quelles richesses on pourrait tirer du sol s'il était partout traité de la même façon.

Les terres de Camargue sont, en effet, abondamment pourvues de tous les éléments fertilisants que le Rhône apportait avec ses limons. Le sel, malheureusement, imprègne le sol et le rend stérile. Il faut donc abaisser le niveau des étangs salés de la Camargue, rejeter les eaux saumâtres à la mer et amener de l'eau pure puisée dans le Rhône pour dessaler la terre, qui recouvrerait alors toute sa fertilité. M. Risler a raison de signaler l'intérêt exceptionnel de cette œuvre.

C'est là, d'ailleurs, un exemple, entre mille, des problèmes attachants dont son *Traité de géologie agricole* nous indique ou nous fait prévoir la solution.

# CHAPITRE IX

Les laiteries coopératives de la Vendée. — Le coût d'établissement et les méthodes d'amortissement. — Inconvénients et dangers du paiement des laits fournis en tenant compte seulement du poids. — La richesse en beurre est la base normale de toute évaluation. — Exemples de l'application de cette méthode d'évaluation en Belgique et aux États-Unis. — L'utilisation du lait doux écrémé; importance des recettes qui en proviennent. — Les essais de M. Ganin relativement à la nourriture des veaux par le lait écrémé et la fécule.

Nous avons signalé, à bien des reprises [1], les avantages que présente la fondation des beurreries ou des fromageries coopératives. Dans les Charentes, ces utiles associations ont rendu des services considérables. Les cultivateurs, si cruellement éprouvés par la perte de leurs vignes, ont développé la production des fourrages, nourri des vaches laitières, fondé des beurreries et sauvé leur situation en fabriquant du beurre en commun.

En Vendée, dans cette région si curieuse que

1. Voir notamment la 2ᵉ série de nos *Questions agricoles d'hier et d'aujourd'hui*, Paris, Alcan, 1895.

l'on nomme le « Marais », on a eu l'excellente idée de suivre l'exemple des agriculteurs charentais. Le pays est couvert de prairies coupées de fossés et de canaux ; les communications sont difficiles, surtout en hiver, et les producteurs isolés pouvaient très difficilement tirer parti de leur lait. Comme toujours, la qualité des beurres fabriqués avec de la crème trop vieille était médiocre et les prix de vente restaient peu élevés.

Dès 1890, une coopérative fut fondée à Champagné. Le litre de lait vendu jusque-là 7 à 8 centimes seulement, fut payé 10 centimes aux sociétaires, et ce premier succès financier détermina les agriculteurs à établir d'autres beurreries du même genre.

Un de nos élèves, M. Cornet, qui vient de nous soumettre un travail très intéressant sur cette question, estime qu'il existe aujourd'hui *treize* associations coopératives nouvelles dans les deux arrondissements de Fontenay-le-Comte et de la Roche-sur-Yon. On voit avec quelle rapidité les producteurs se sont groupés et concertés, pour bénéficier des avantages que leur assurent les beurreries coopératives.

Il a fallu, tout d'abord, se procurer des capitaux. Une laiterie traitant 6 000 litres par jour coûte, environ, 50 000 francs, et ce chiffre s'élève à 60 000 ou 65 000 francs si l'on construit en même temps une porcherie pour pouvoir utiliser le lait doux écrémé.

Un établissement plus considérable, comme celui de Mareuil-sur-Lay, où l'on traite de 25 000 à 30 000 litres de lait par jour, revient à 110 000 francs environ, sans porcherie.

Il s'agit donc, comme on le voit, de sommes assez considérables qu'il est nécessaire de recueillir avant de rien entreprendre. Cette difficulté n'a point paru insurmontable. Chose très digne de remarque, les capitaux indispensables ont été trouvés sur-le-champ et dans le pays même. Les éleveurs, les propriétaires, les fermiers aisés qui sont nombreux ont souscrit rapidement des obligations de 50 à 100 francs. Ces parts d'intérêts assurent aux prêteurs un revenu de 3 1/2 à 4 p. 100. Elles sont remboursables par voie de tirage au sort.

Deux méthodes sont employées pour recueillir les fonds nécessaires au double service de l'amortissement et du payement des intérêts.

Lorsque la coopérative possède une porcherie, les bénéfices provenant de la vente des porcs sont consacrés au remboursement des prêts et au service des intérêts.

Lorsque la laiterie ne possède pas de porcherie, on prélève 1/2 centime ou 1 centime sur le prix du litre de lait avant tout versement fait aux sociétaires.

Nous supposerons donc les capitaux groupés. Il s'agit de choisir l'emplacement de la future laiterie. Ce choix est très important : 1° au point de vue des frais de transport du beurre à la gare voisine; 2° au point de vue des facilités de transport du lait frais arrivant à l'établissement.

Pour alimenter une beurrerie importante (plus de 10 000 litres de lait traités par jour), il est, en effet, indispensable de recueillir le lait d'un grand nombre de vaches. Or, le transport du lait, de la ferme à l'usine, coûterait fort cher à chaque cultivateur. Ce sont des entrepreneurs qui se chargent du transport par charrettes sur les routes, ou par bateaux sur les canaux du « Marais ». Ce service est confié, après adjudication, aux voituriers qui consentent à subir le rabais le plus considérable. Les frais de collecte varient, d'ailleurs, avec les distances et les difficultés de toutes sortes, de 0 fr. 005 à 0 fr. 01 par litre de lait.

Lorsque le rayon d'approvisionnement d'une beurrerie est trop étendu, on fait, en Vendée, ce que nous avons vu faire dernièrement dans le Minnesota, aux États-Unis. On établit une « crèmerie » où le lait est écrémé, et c'est ensuite la crème seule que l'on transporte à l'usine. C'est là une excellente idée.

*
* *

Pour préciser les idées et se rendre compte des frais d'établissement d'une laiterie, des résultats financiers de l'entreprise, etc., il est bon d'avoir sous les yeux des exemples. Voici quelques notes prises par nous en Vendée pendant une excursion qui avait précisément pour objet l'étude des laiteries coopératives :

En 1894, quelques hommes d'initiative et d'intelligence proposèrent aux agriculteurs de fonder une beurrerie coopérative à Nalliers. L'idée eut un plein succès. En quelques semaines, les adhésions affluèrent et les fonds nécessaires furent recueillis. Il s'agissait bel et bien d'une première mise de 90 000 francs qui a été immédiatement trouvée dans la région. Cette somme, reconnue insuffisante, fut même portée successivement à 100 000, puis à 112 000 francs! A l'heure actuelle, 1 000 associés possédant 3 000 vaches fournissent du lait à la beurrerie. Il fallait tout à la fois donner aux sociétaires un prix convenable pour le lait fourni, assurer le paiement des frais généraux, acquitter les intérêts des emprunts et même *amortir* ces emprunts de façon que la Société restât, en définitive, propriétaire de la beurrerie.

Eh bien! les sociétaires reçurent par litre de lait :

Francs.

| | Francs. |
|---|---|
| En 1894 ................................ | 0 098 |
| — 1895 ................................ | 0 10 |
| — 1896 ................................ | 0 087 |
| — 1897 ................................ | 0 086 |

En quatre ans, une somme totale de 1 478 000 fr. fut ainsi payée aux cultivateurs associés et répartie au prorata des quantités de lait fournies journellement.

Les intérêts dus et les frais généraux s'élevèrent à 166 000 francs. Malgré cela, une somme de 114 000 francs put être épargnée et servit à l'amortissement complet des dépenses d'installation. Les bénéfices nets s'élevèrent donc en moyenne, durant ces quatre années, à plus de 28 000 francs. A partir du 1$^{er}$ janvier 1898, la Société coopérative de Nalliers devint propriétaire de la beurrerie. La période d'amortissement et d'épargne a duré quatre ans! Aujourd'hui l'intégralité des bénéfices obtenus est distribuée entre les sociétaires et élève d'autant le prix du lait qu'ils fournissent.

Nous ne serions nullement étonnés si ce prix de vente avait augmenté de 40 ou 50 p. 100, grâce à l'établissement de la beurrerie coopérative.

A Sainte-Hermine, nous pouvons constater les mêmes succès. Entrons toutefois dans quelques détails. Voici, tout d'abord, les principaux articles des statuts de l'Association :

ART. 1er. — Il est formé, entre les soussignés et ceux qui seront ultérieurement admis, une Société civile de production à capital et personnel variables, qui prend le titre de *Laiterie coopérative de Sainte-Hermine*. Sa durée est fixée à dix ans à partir du premier jour du fonctionnement de la laiterie.

ART. 2. — Le siège de la Société est à Sainte-Hermine, dans les locaux choisis par le Conseil d'administration.

ART. 3. — Cette société a pour but la fabrication en commun du beurre et, au besoin, d'autres produits accessoires, afin d'en obtenir, pour les coopérants, les prix les plus élevés. Chaque Sociétaire, en entrant dans la Société, contracte envers cette dernière l'obligation de fournir son lait pendant la durée fixée à dix ans par l'article 1er, exception faite du lait du dimanche et du lait employé à la consommation de la maison. Tout Sociétaire qui ne remplirait pas son engagement se rendrait passible, vis-à-vis de la Société, de tous dépens, dommages et intérêts.

Le Conseil d'administration pourra dispenser de cette obligation :

1° Les héritiers des Sociétaires décédés ;

2° Les Sociétaires qui, changeant de domicile, iront habiter en dehors de la circonscription de la Société ;

3° Les Sociétaires dont la fortune ne leur permettra pas de conserver des vaches.

Les Sociétaires dispensés de fournir leur lait pendant la durée de la Société ou ceux exclus de la Société comme n'ayant pas rempli leurs engagements sociaux, n'auront plus droit à aucune partie du fonds social.

ART. 4. — Le nombre des Sociétaires est illimité : à toute époque, de nouveaux coopérants pourront être admis, avec l'agrément du Conseil d'administration. Toutefois, les associés qui entreront après que la Société aura commencé à fonctionner verseront, en entrant, une indemnité qui sera fixée par le Conseil. Les Sociétaires fondateurs seuls auront le privilège d'augmenter le nombre de leurs vaches, sans payer aucune indemnité.

Art. 5. — Toute personne majeure ou émancipée, habitant la circonscription de la Société, pourra en faire partie, mais sous la condition expresse de jouir de ses droits civils.

Art. 6. — Le Conseil d'administration aura le droit de refuser ou d'éliminer les Sociétaires dont l'habitation se trouverait distante de tout chemin carrossable, et qui refuseraient d'apporter leur lait sur le passage du laitier.

Il n'est pas moins intéressant de savoir ce que coûte une laiterie-beurrerie comme celle de Sainte-Hermine, dont nous reproduisons le bilan détaillé. Nous citons donc :

|  | Francs. |
|---|---:|
| 1° Achat du terrain | 3 800 |
| 2° Construction de l'usine et annexes | 29 275 |
| 3° Puits, aqueducs, etc., etc. | 2 194 |
| 4° Machines à vapeur | 18 944 |
| 5° Appareils de laiterie (4 écrémeuses, 2 chauffe-lait, 1 malaxeur et 2 barattes) | 11 700 |
| 6° Transmissions, chaînes, poulies, etc., etc. | 4 457 |
| 7° Chaudronnerie (bacs, pompes, bidons, robinets, etc., etc.) | 24 007 |
| 8° Appareil frigorifique | 9 800 |
| 9° Charrettes avec bacs pour le transport du lait. | 7 986 |
| 10° Mobilier | 1 217 |
| 11° Chemins, pavage, clôtures | 1 814 |
| 12° Affiches, publicité, matériel du laboratoire et du bureau | 1 843 |
| Total | 117 037 |

On voit que la beurrerie de Sainte-Hermine a coûté environ 117 000 francs.

Examinons maintenant le fonctionnement de l'établissement et son organisation. On devine sans peine combien il serait difficile aux cultivateurs d'apporter tous les matins leur lait à la beurrerie. Ce serait là une perte de temps considérable et, par conséquent, une dépense importante.

Les sociétaires, au nombre de 700, sont, en effet, dispersés dans la campagne. Cette dispersion des fermes est même un des traits caractéristiques de la répartition de la population en Vendée comme en Bretagne. Un voiturier est chargé du transport, et ce service fonctionne ainsi aux moindres frais possibles. — Les sociétaires n'ont qu'à placer leurs bidons sur la route, et la voiture de l'entrepreneur les charge à son passage.

Rien de plus simple et de plus commode, ainsi qu'on le voit.

Aussitôt arrivé, le lait est pesé et chaque associé a son compte crédité du poids qu'il a fourni. S'il y a lieu, on prélève, au centre, deux échantillons pour constater ultérieurement la pureté du lait, sa fraîcheur, etc., etc.

Voici maintenant comment est traitée la masse liquide qui arrive chaque matin à la beurrerie. Le lait est versé dans des bacs. A l'aide d'un tuyautage spécial on l'amène au-dessus des écrémeuses en travail qui peuvent débiter 1 200 litres à l'heure.

La crème immédiatement séparée du lait *doux* est recueillie dans des bacs spéciaux et placée dans une cave. Là, cette crème va « mûrir » pendant vingt-quatre heures au moins après mélange avec un « levain » spécial, c'est-à-dire avec quelques doses de crème plus vieille dans laquelle des ferments spéciaux se sont multipliés. Ces ferments donneront à la crème un arome agréable.

Le moment venu, deux barattes, mues à la vapeur, recevront la crème parfumée, dont la température aura été portée soigneusement à 12° ou 14°.

Bientôt un bruit spécial annonce que le beurre est fait. Les globules gras se sont soudés les uns aux autres et forment à l'intérieur de la barratte de petites masses irrégulières nageant au milieu du liquide qui les emprisonnait naguère. Ce petit-lait s'écoule par une ouverture spéciale. On lui substitue de l'eau fraîche. Encore quelques tours de roue et notre beurre est lavé.

On le recueille ensuite et on le place sous le malaxeur rotatif qui l'écrase, le pétrit, chasse encore le petit lait et permet, au besoin, de le laver encore.

Il ne reste plus qu'à constituer les grosses mottes que l'on enveloppe de mousseline et que l'on place dans une chambre spéciale maintenue à une basse température à l'aide d'un appareil frigorifique.

A Sainte-Hermine, on fabrique même des petites mottes spéciales d'une livre ou deux qui portent le nom d'un grand épicier parisien et qui seront expédiées comme les grosses mottes par le train de nuit. Chaque jour, à cinq heures du matin, le wagon parti de la gare voisine de Sainte-Hermine arrive à Paris. Le beurre en mottes est remis à un facteur des halles et vendu à la criée.

Pendant l'année 1898, le prix de vente des beurres de Sainte-Hermine a varié de 1 fr. 92 par kilogr. en juin, à 3 francs en décembre. La moyenne pour l'année entière est de 2 fr. 44. Durant cette même année 1898, la laiterie a traité 2 425 000 litres de lait et produit 115 000 kilogr. de beurre. Quelles sont maintenant les recettes et les dépenses d'un pareil établissement ? Nous trouvons :

RECETTES :

|  | Francs. |
|---|---|
| Vente des beurres........................ | 281 452 |
| Recettes diverses......................... | 3 661 |
| Total.................... | 285 113 |

DÉPENSES :

|  | |
|---|---|
| Prix du lait payé aux sociétaires.......... | 211 652 |
| Salaires des employés.................... | 22 964 |
| Combustible............................. | 2 327 |
| Emballages ............................. | 4 064 |
| Huiles................................. | 423 |
| Réparations aux charrettes............... | 748 |
| Entretien du matériel.................... | 2 036 |
| Aménagement de l'eau................... | 2 827 |
| Divers................................. | 9 306 |
| Total.................... | 249 306 |

En résumé, les bénéfices s'élèvent à 35 807 fr.! Dans quelques années, les sociétaires auront amorti le capital emprunté et seront propriétaires de leur usine. — A partir de ce moment, ils pourront se distribuer entre eux les profits réalisés.

*
* *

En Vendée, malheureusement, on persiste, paraît-il, à tenir compte uniquemeut du volume ou du poids du lait fourni par chaque sociétaire. Cette méthode est évidemment défectueuse. Tous les laits ne sont pas également riches en matière grasse, et, lorsqu'il s'agit de fabriquer du beurre, c'est la quantité de ce produit qui devrait servir de base à l'établissement des comptes de chaque associé. Or, la quantité de beurre contenue dans un litre de lait varie avec chaque vache; elle est liée, de plus, à la composition des rations et surtout à la masse d'eau que l'on y fait entrer, soit en donnant aux animaux des aliments très aqueux, soit en excitant à dessein la soif qu'il est, ensuite, facile d'apaiser avec de l'eau.

En tenant compte seulement du volume de lait fourni par chaque sociétaire, on encourage des fraudes et l'on ne force pas les agriculteurs à réaliser des progrès dans le choix des aliments ou dans la sélection des animaux possédant une aptitude individuelle remarquable à la production de la matière grasse du lait. Il faudrait donc renoncer à une habitude fâcheuse, et baser uniquement les comptes sur la richesse des laits en beurre. Nous avons déjà signalé, la méthode employée à la laiterie coopérative d'Oostcamp, en Belgique. Elle donne de bons résultats[1]. Aux États-Unis, on utilise, dans le même but, des appareils ingénieux comme celui du professeur Babcock de l'Université de Madison (Illinois).

Il faut espérer que nous réaliserons rapidement, en France, les progrès dont nous venons de signaler tout l'intérêt.

Des conférences faites aux agriculteurs pourraient servir à les éclairer sur la question spéciale qui nous paraît si importante. On pourrait également profiter de leur groupement tout spontané pour leur parler de l'alimentation des vaches laitières, de la composition des rations, de l'utilisation des résidus industriels, de l'ensilage des fourrages, des soins indispensables, et pourtant trop souvent négligés, qu'il faut apporter à la manipulation du lait, du nettoiement des vases où il est recueilli, etc., etc.

Nos professeurs spéciaux d'agriculture pour-

---

1. Voir nos *Questions agricoles d'hier et d'aujourd'hui*, 1ʳᵉ série, Paris, Alcan, 1894.

raient rendre', à ce propos, de grands services.

Il serait bon également que le personnel des beurreries reçût une instruction technique suffisante. Elle paraît lui manquer encore dans beaucoup de cas. Les employés ne sont pas intéressés au succès de l'entreprise, et ils touchent simplement un salaire fixe. C'est là une pratique fâcheuse. On nous en signale les inconvénients. A la laiterie coopérative de X..., l'écrémage du lait était si mal surveillé que les machines centrifuges fonctionnaient d'une façon défectueuse et ne séparaient pas complètement la crème du lait. Lorsqu'on s'aperçut de ce mauvais fonctionnement, la laiterie avait perdu plus de 15 000 francs.

Il est probable que des employés intéressés aux bénéfices, et pourvus d'une instruction technique sérieuse, se seraient aperçu plus tôt de l'insuffisance du rendement de leurs écrémeuses. Si l'on avait également prélevé des échantillons pour constater la richesse des laits en matières grasses, on se serait aperçu, au bout de vingt-quatre heures, que la quantité de crème recueillie au sortir des centrifuges ne correspondait pas à celle que l'on avait trouvée, le même jour, dans les différents envois des sociétaires.

Une autre question fort importante doit également ment attirer notre attention. Nous voulons parler de l'utilisation du lait doux. Ce produit est obtenu directement à la suite de l'écrémage; il est constitué par le lait frais que l'on a simplement dépouillé de la matière grasse qu'il renfermait. Employé à la nourriture des porcs, ce résidu doit permettre de réaliser des bénéfices importants. Il paraît, cependant, résulter des comptes de certaines laiteries coopératives que l'on n'en tire pas un profit assez élevé.

Voici un résumé du budget de la porcherie de Z... :

|  | Francs. |
|---|---|
| Vente de porcs........................... | 26 171 |
| Achats d'animaux et dépenses.............. | 24 412 |
| Bénéfice................ | 1 759 |
| Petit-lait vendu et recettes diverses........ . | 2 486 |
| Gain total........ ... .. | 4 245 |

Or, la quantité de lait doux utilisé s'élevant à 800 000 litres, le prix de l'unité ne ressort qu'à 0 fr. 0053, chiffre beaucoup trop faible. Il devrait être cinq ou six fois plus élevé.

Dernièrement, un habile agriculteur des environs de Nantes, M. Gouin, a montré que l'on pouvait donner au lait écrémé une valeur de 6 à 7 centimes, en l'utilisant pour la nourriture des jeunes veaux âgés de dix à quinze jours. Il suffit de mélanger au lait de la fécule de pomme de terre, et même de la farine de viande à très petites doses. En ménageant les transitions et en augmentant ainsi progressivement la quantité de lait doux, on prévient les accidents et notamment la diarrhée. La chair des veaux ainsi nourris reste blanche ; l'accroissement de poids est très rapide, et l'animal « paye » le litre de lait un prix très élevé.

De pareils essais couronnés de succès devraient être connus de tous les directeurs de laiteries. Ils ont une importance économique considérable, et nous serions charmé d'apprendre qu'on les a répétés dans un grand nombre d'exploitations rurales.

Beaucoup d'agriculteurs demandent, en effet, qu'on leur restitue le lait doux sortant des écrémeuses. Cette restitution se fait poids pour poids, la coopérative se réservant seulement une différence de 1/10. En d'autres termes, le cultivateur reçoit 9 litres de lait écrémé toutes les fois qu'il a fourni 10 litres de lait frais ou complet.

L'élevage des veaux ou celui des porcelets exigeant des soins attentifs, il serait, souvent, préférable que ces opérations fussent faites dans chaque ferme. On voit tout de suite l'intérêt que présenterait alors l'application générale de la méthode indiquée par M. Gouin et expérimentée par lui avec soin. Le prix de vente d'un litre de lait ressort à 0 fr. 118 dans la plupart des laiteries vendéennes.

Si l'on pouvait utiliser, en outre, le lait doux restitué et lui donner une valeur de 6 à 7 centimes, il est clair que le gain additionnel augmenterait de 50 p. 100 les profits actuels. En admettant même que le prix total du litre de lait frais ressortît à 14 ou 15 centimes seulement, ce serait là un résultat excellent. Il y a donc lieu d'appeler sur ce point l'attention du public agricole.

Signalons, en terminant, une mesure excellente qu'ont prise les fondateurs des laiteries vendéennes : ils garantissent aux sociétaires le remboursement partiel des pertes occasionnées par la mort des vaches laitières. C'est là un très bon exemple d'assurances mutuelles.

## BIBLIOGRAPHIE

Les laiteries coopératives publient des comptes rendus financiers annuels de leurs opérations. Tous ceux qui s'intéressent aux succès de ces utiles associations pourraient aisément se procurer des documents.

Le mémoire très intéressant de M. Gouin sur « l'alimentation des veaux de boucherie à l'aide de la fécule et du lait écrémé », a paru dans le *Bulletin du comice agricole central de la Loire-Inférieure*, n° de février 1897.

# CHAPITRE X

Les assurances mutuelles contre la mortalité du bétail. — Les statuts de la société du Poiré-sur-Vie; les résultats financiers. — Les sociétés d'assurances mutuelles dans le département des Landes. — Modèle de statuts. — Caractères juridiques d'une société d'assurances mutuelles agricoles. La loi de 1900 les assimile à un syndicat.

Nous avons parlé dans le précédent chapitre des sociétés coopératives de laiteries établies en Vendée. Ces associations rendent les plus grands services et elles sont la manifestation très intéressante d'un état d'esprit nouveau. Trop longtemps isolés, nos agriculteurs comprennent aujourd'hui l'utilité de l'association. Dans cet ordre d'idées, bien des progrès restent à faire et nous voudrions précisément signaler, à ce propos, une institution qu'il est extrêmement désirable de faire connaître au public agricole.

Nous voulons parler des sociétés d'assurances mutuelles contre la mortalité du bétail.

Tout le monde sait à la campagne combien la perte d'un animal est douloureuse pour les petits cultivateurs. C'est là, pour quelques-uns d'entre eux, un vrai désastre. Ne pourrait-on pas atténuer, dans la plus large mesure, ces pertes cruelles, réparer ces désastres en persuadant aux cultivateurs qu'ils doivent se secourir mutuellement, sans rien demander à l'État?

Avant de proposer un plan, un type d'association, il est bon toutefois de savoir si des tentatives n'ont pas déjà été faites dans ce sens avec succès. Nous avons donc pris des renseignements, fait une enquête personnelle, et, grâce à l'obligeance de nos correspondants, il nous a été possible de rassembler des documents très intéressants.

Il existe déjà des sociétés d'assurances mutuelles contre la mortalité du bétail. Ici, elles ont simplement pour objet d'indemniser les propriétaires de la perte de leurs vaches laitières [1]; elles s'étendent aux bœufs, aux veaux et aux génisses; ailleurs encore, elles s'appliquent aux chevaux, aux moutons ou aux porcs.

Nous n'avons donc pas à proposer une innovation, mais à conseiller le développement rapide d'institutions déjà existantes et ayant fait leurs preuves.

---

1. Voir, dans notre volume *Questions agricoles d'hier et d'aujourd'hui*, 1re série (1894), les détails relatifs à la Société d'assurances mutuelles de Chaillé (Charente-Inférieure).

Voici ce que nous écrit à ce sujet M. Gendreau, conseiller général de la Vendée :

« L'une des idées qui, en Vendée, à la fin de ce siècle, dans le domaine de l'agriculture et de l'industrie, a pris la plus grande extension et rallié un nombre plus considérable de partisans est sans contredit l'*idée d'association*.

« Les agriculteurs et les industriels, en général, n'ont pas tardé à s'apercevoir que, dans ces périodes de crises, les ressources dont ils disposaient étaient souvent trop faibles en présence des exigences nouvelles, et qu'il fallait maintes fois compter avec l'aide des autres.

« S'inspirant des besoins nouveaux et en vue d'apporter sinon un remède, du moins un adoucissement à une telle situation, des gens éclairés ont créé sur beaucoup de points des sociétés de tout genre, des syndicats, des sociétés coopératives, des assurances, estimant avec beaucoup de raison qu'elles devaient rendre un jour d'inappréciables services. De ces diverses associations, les assurances contre la mortalité des bestiaux sont certainement celles qui sont les moins connues et les moins répandues. S'ensuit-il pour cela que les résultats qu'elles ont donnés jusqu'alors soient moins satisfaisants ? »

« Telle n'est point notre pensée ; le contraire nous semblerait plutôt exact, car nous savons d'ores et déjà que ces sociétés d'assurances mutuelles ont donné jusqu'à ce jour des résultats excellents, non seulement dans les pays d'élevage, mais partout où leur fonctionnement a été bien ordonné et bien compris. Ces assurances constituent, en effet, la méthode la plus ingénieuse que les agriculteurs aient imaginée pour atténuer les risques de leur élevage. Elles consistent à répartir entre de nombreux individus les pertes dont un seul se trouve atteint. Je m'étonne même qu'en Vendée, où l'élevage, de nos jours, a pris un développement si remarquable, ces sociétés d'assurances ne soient pas plus répandues. Certes, il n'est pas besoin d'insister longuement sur les services que peut rendre l'assurance.

« Très utile à tous, elle est particulièrement précieuse aux moins riches. Elle constitue, par exemple, pour le *petit bordier* (cultivateur exploitant moins de 10 hectares), qui n'a d'autres ressources que quelques têtes d'animaux, le meilleur moyen d'écarter les dangers qu'entraînent les accidents ou les maladies, et, par suite, en l'abritant contre les coups du sort, elle le sauve d'une ruine certaine, ou, au moins, l'arrache par ce moyen à un état de pauvreté souvent voisin de la misère.

« Une société de ce genre a été fondée il y a deux ans dans le canton du Poiré-sur-Vie [1].

_______

1. Le fondateur est M. Gendreau.

« Dès les premiers temps de sa fondation, cette société rallia les suffrages de tous, et bientôt, sans distinction de partis, on vit accourir bon nombre d'agriculteurs, heureux de trouver là une ressource contre les pertes, une garantie contre les maladies.

« Tous les membres, réunis en une assemblée générale, procédèrent à l'élection d'un bureau, chargé de l'élaboration immédiate des statuts, qui furent, dans une séance suivante, soumis aux sociétaires. »

Les lignes qui précèdent montrent que les fondateurs de la société d'assurances dont nous parlons ont eu pleine conscience de l'importance de leur tâche. On ne saurait trop applaudir à leur intelligente initiative.

Nous allons maintenant reproduire les statuts de l'association. Le lecteur nous pardonnera d'insérer ici un acte de cette nature. Il s'agit d'un document utile et nous estimons qu'on ne saurait lui donner une trop large publicité :


## STATUTS

### Constitution et but de la Société.

ART. 1er. — Il est formé, entre les soussignés et ceux qui adhéreront aux présents statuts, une Société d'assurances mutuelles contre la mortalité des bestiaux, qui séra régie par la loi du 21 mars 1884 sur les Associations professionnelles et par les dispositions ci-après [1] :

ART. 2. — La Société a pour but d'assurer mutuellement ses membres contre la perte de leurs animaux de l'*espèce bovine*, soit qu'ils succombent à la suite d'une maladie quelconque ou par accident, soit que leur abatage ait été ordonné par les autorités administratives, en application de la loi sur la police sanitaire du bétail.

ART. 3. — La Société prend la dénomination : « la Prévoyante protectrice des agriculteurs »; son siège est établi au Poiré-sur-Vie; sa durée est illimitée; elle commence le jour du dépôt légal de ses statuts, qui aura lieu le 1er juillet 1896.

*Composition de la Société.*

ART. 4. — Peuvent faire partie de la Société toutes personnes possédant des étables dans le canton; elles pourront assurer, en outre de ces dernières, celles qu'elles pourraient posséder dans les communes limitrophes du canton.

ART. 5. — Après la constitution définitive de la Société, pour être admis à en faire partie, les postulants devront adresser une demande verbale ou écrite à l'un des délégués de leur commune; l'assurance ne comptera que quinze jours après cette déclaration.

Les semestres partant des 1er janvier et 1er juillet, tout semestre commencé au moment de l'admission sera dû en entier par les nouveaux assurés.

ART. 6. — Tout membre, pour sortir de l'Association, devra adresser sa démission au président qui la communiquera à l'assemblée générale; la sortie ne sera définitive qu'après cette assemblée et le règlement des comptes de

---

1. Nous parlerons plus loin du caractère de ces sociétés au point de vue juridique.

l'exercice en cours; le démissionnaire devra, par suite, sa quote-part pour cet exercice.

(L'article 6 est non appliqué.)

ART. 7. — L'assemblée générale pourra prononcer l'exclusion d'un membre à la suite d'une faillite, d'une condamnation pour fait contraire à la probité ou du non-payement de la cotisation après trois lettres de rappel.

*Administration et fonctionnement.*

ART. 8. — La Société est administrée par un bureau nommé pour un an, à l'assemblée générale, à la majorité relative; ce bureau est composé d'un président, deux vice-présidents et d'un secrétaire, plus des délégués par commune ou groupe de commune. Ils sont rééligibles.

ART. 9. — L'assemblée générale des membres de la Société a lieu deux fois par an, au Poiré-sur-Vie; les décisions sont prises à la majorité des membres présents.

ART. 10. — Le président pourra, en cas de besoin, convoquer l'assemblée générale en dehors de ces deux époques.

ART. 11. — La Société payera, lors des assemblées générales ordinaires, à chacun de ses membres ayant éprouvé des pertes de bestiaux dans le semestre écoulé, les quatre cinquièmes (4/5) de la valeur des animaux perdus; de la somme prise ainsi à sa charge par la Société, sera déduite toute valeur que le propriétaire ou la Société pourrait retirer de la vente de la viande ou de la peau de ces animaux; sera de même déduite, s'il y a lieu, l'indemnité accordée par l'État à la suite de l'abatage des animaux atteints de maladies contagieuses.

ART. 12. — Les animaux perdus dans les quinze jours qui suivront la constitution définitive de la Société ne seront point remboursés à leurs propriétaires; le même délai sera observé pour les membres admis ultérieurement; de même encore, tout animal perdu par un sociétaire dans les quinze jours qui suivront son achat ne donnera lieu à aucun remboursement, à moins que sa mort subite et accidentelle ait été dûment constatée. Les veaux ne seront couverts par l'assurance qu'à partir de l'âge de dix jours; cette dernière clause ne sera mise à exécution qu'à partir du 1er janvier 1897.

ART. 13. — Les sommes remboursées aux sinistrés seront fournies par tous les membres de la Société, la quote-part de chacun étant calculée proportionnellement à la valeur de son étable. La Société n'ayant ni fonds social ni fonctionnaires rétribués, les membres ne payeront, en dehors de la quote-part, aucune cotisation fixe.

ART. 14. — Dans les cas où une épizootie occasionnerait des pertes considérables, la quote-part de chaque sociétaire ne dépassera jamais 1 p. 100 de la valeur de son étable, pour le semestre écoulé; les remboursements à faire seront réduits de façon à ramener le taux à 1 p. 100 s'il le dépassait.

ART. 15. — Toute cotisation non payée à l'assemblée générale sera augmentée de 1/5 à titre d'amende; le produit de ces amendes sera conservé par le président jusqu'à la réunion suivante, où il reviendra en déduction des pertes à répartir pour le nouveau semestre.

ART. 16. — La valeur de chaque étable sera fixée par la Société et inscrite au début de chaque exercice semestriel sur le registre qui contiendra, outre les présents statuts, les noms des sociétaires et la désignation de leurs étables.

ART. 17. — Dès qu'un sociétaire aura un animal gravement malade, il devra en avertir les deux sociétaires les plus proches voisins de son étable, ainsi que l'un des délégués de sa localité. Ceux-ci estimeront l'animal au cours du jour. Si la bête vient à périr, il en informera les mêmes personnes pour leur faire constater la perte : ces experts ne feront connaître leur estimation qu'à la fin du semestre en cours. Faute par le sinistré de les avoir appelés en temps utile, la Société pourra lui refuser toute indemnité. Les frais de médicaments et de vétérinaire sont à la charge du propriétaire de l'animal perdu.

Art. 18. — Dans tous les cas où les bestiaux succomberaient pendant leur séjour au *marais* [1], l'expertise sera faite aux frais du sociétaire, par deux experts choisis l'un par la Société, l'autre par le sociétaire.

Art. 18 *bis*. — Les animaux envoyés aux concours régionaux de la circonscription continueront à être assurés; en cas de perte par maladie ou par accident, l'expertise devra être faite dans les conditions indiquées par l'article 18.

Art. 19. — La Société ne garantit pas des pertes occasionnées par des cas de force majeure, tels que guerre, inondation, incendie.

Art. 20. — S'il est reconnu qu'un sociétaire a laissé périr des bestiaux faute de soins, ou bien qu'il a cherché à tromper ou à corrompre les experts, ou encore qu'il a essayé d'user de sa qualité de sociétaire dans un but de spéculation, il sera exclu de l'Association qui pourra, en outre, exercer des poursuites contre lui et lui refuser le payement des bestiaux perdus.

Art. 21. — Les déclarations de pertes seront faites, dans le délai de huit jours, par les délégués ou les experts, au président qui se tiendra au siège social, au Poiré-sur-Vie. Faute par les sinistrés de faire ou de faire faire la déclaration voulue à cette date, l'indemnité à payer sera renvoyée au semestre suivant et diminuée d'un second cinquième à titre d'amende.


### Dispositions générales.

Art. 22. — Les modifications à apporter aux présents statuts seront discutées en assemblée générale et ne

---

1. Pâturages créés sur d'anciens marais desséchés.

seront adoptées qu'à la majorité absolue des membres inscrits.

ART. 23. — Toutes contestations pouvant s'élever entre un sociétaire et la Société seront réglées par les tribunaux compétents dans le sens des clauses ci-dessus; le président portera ces actions au nom de la Société.

Voici maintenant quelques détails relatifs au fonctionnement de la Société :

*Fonctionnement de la « Prévoyante »*. — L'assemblée générale des membres de la Société a lieu deux fois par an, au Poiré-sur-Vie. Le dimanche précédant celui de la réunion, les sociétaires sinistrés, ainsi que les experts et deux voisins viennent déclarer au secrétaire quelles sont les pertes du semestre écoulé et leurs évaluations.

Aidé de l'un des vice-présidents, celui-ci additionne les pertes, déduction faite du cinquième, et en fait la répartition entre chaque sociétaire, au prorata de la valeur de son étable.

On divise le chiffre des pertes par celui de la totalité des valeurs assurées et on multiplie le quotient de cette division par le nombre correspondant aux valeurs assurées par chaque sociétaire.

On a ainsi la cotisation de chacun et le taux des indemnités à payer à chaque sinistré : on inscrit alors sur un registre spécial en face de chaque nom le montant de la cotisation et aux ayants-droit le montant de l'indemnité à **payer**.

A la réunion générale, chaque sociétaire, à l'appel de son nom, vient verser sa cotisation et, le total de ces cotisations étant mathématiquement égal à celui des indemnités à payer, le président appelle les sinistrés, et le secrétaire leur verse immédiatement le montant de leurs pertes.

Tout se fait ainsi en peu de temps sous les yeux de tous les sociétaires qui aiment bien se rendre un compte exact de l'emploi de leurs fonds.

Ici une restriction s'impose : le mode d'exploitation qui existe en Vendée, du moins dans le Bocage, est le métayage. Or, il est arrivé ce fait que certains métayers trop peu soucieux de leurs intérêts ne voient pas les avantages d'une société de ce genre et refusent d'assurer leur moitié ; le maître seul participe alors aux avantages. Le nombre de ces paysans est relativement faible, et on doit espérer que dans un avenir prochain une semblable distinction ne sera plus à faire.

Ajoutons encore, pour être entièrement exact, que, si tout espoir de guérison est perdu pour un animal malade, la Société, par ses soins, veille à à ce que le propriétaire tire un profit immédiat, soit de la viande, soit de la peau : ainsi la perte se trouve sensiblement diminuée, en même temps que la cotisation de chaque sociétaire.

*Les résultats.* — On a vu plus haut que la

Société d'assurances vendéenne du Poiré-sur-Vie n'a fonctionné qu'à partir du 1ᵉʳ janvier 1896. En fait, ses opérations n'ont commencé qu'au 1ᵉʳ juillet.

Durant le premier semestre finissant au 31 décembre, les résultats obtenus ont été les suivants :

|  | Francs. |
|---|---|
| Nombre des sociétaires | 193 |
| Capital assuré | 599 570 |
| Pertes éprouvées et couvertes par l'assurance | 2 585 |

Comparées aux valeurs assurées, les pertes représentent une fraction égale à 4,3 p. 100.

Il est intéressant de comparer ces chiffres à ceux qui se rapportent au semestre correspondant de l'année 1897.

Nous trouvons :

|  | Francs. |
|---|---|
| Nombre des sociétaires | 276 |
| Capital assuré | 768 740 |
| Pertes remboursées | 3 018 |
| Cotisations pour 1 000 fr. assurés | 3,9 p. 100 |

Ainsi, le nombre des sociétaires a passé de 192 à 276 et le capital assuré de 599 570 francs à 768 740. La cotisation par 1 000 francs de valeurs assurées s'est abaissée, au contraire, de 4,3 p. 100 à 3,9 ! Cette décroissance nous a paru très significative : elle est évidemment liée à l'augmentation du nombre des sociétaires et à l'importance croissante des capitaux assurés. En résumé, il serait désirable que les opérations de la Société fussent assez considérables pour réduire le montant des cotisations au minimum.

D'un autre côté, il ne faut jamais oublier que le succès des sociétés d'assurances mutuelles dépend de la bonne volonté, de la bonne foi des sociétaires et de la confiance qu'inspirent des opérations soumises au contrôle des intéressés.

Serait-il possible de grouper dans une même société les cultivateurs de plusieurs communes? Il est permis d'en douter.

Les intéressés ne seraient-ils pas tentés de suspecter l'impartialité des experts de la commune ou des communes voisines ; ne redouteraient-ils pas des fraudes, etc. ? — L'expérience seule pourra nous apprendre si l'on réalisera un progrès en syndiquant des sociétés communales d'assurances mutuelles.

Toujours à titre de document, nous relevons les comptes de trois sociétaires pour montrer quel peut être le total des cotisations acquittées par un modeste agriculteur.

1° *X, à la Gendronnière.*                          Fr. c.
    Valeurs assurées...................... 5 600
  Cotisations payées :
      2° semestre 1896...................... 21 15
      2°    —    1897...................... 22 »

2° *Y, au Fref.*
    Valeurs assurées.................... 6 200
  Cotisations payées :
      2° semestre 1896...................... 26 75
      2°    —    1897...................... 24 35

3° Z, à *Blouchère*.

       Valeurs assurées.................... 7 200
    Cotisations payées :
       2° semestre 1896.................... 31 05
       3°    —    1897.................... 28 25

Ces exemples suffisent à montrer qu'un agriculteur possédant de 5 000 à 7 000 francs d'animaux de l'espèce bovine n'a guère à payer annuellement plus de 25 à 30 francs d'assurances. Ce chiffre est insignifiant lorsque l'on songe aux avantages que présente le remboursement des pertes. La sécurité est achetée à bien bas prix. Pour les petits agriculteurs, cette sécurité est encore plus précieuse et cependant ils peuvent se l'assurer sans que leur cotisation annuelle soit proportionnellement plus élevée.

*⁎*

Avant de présenter quelques observations relatives au caractère juridique des sociétés d'assurances mutuelles, nous voudrions maintenant parler d'un autre type d'assurances que l'on peut étudier dans le département des Landes [1]. Il s'agit des sociétés d'assurances mutuelles contre la mortalité : 1° des bœufs, vaches et veaux; 2° des chevaux et juments; 3° des porcs.

1. Nous sommes redevables de ces indications à M. Milliès-Lacroix, sénateur des Landes, que nous remercions bien sincèrement.

On aura une idée de l'importance de ces utiles institutions, exclusivement dues à l'initiative privée, quand nous aurons dit qu'il en existe sept cent douze fonctionnant très régulièrement dans le département des Landes.

La plupart du temps, les intéressés constituent leur association mutuelle par acte *notarié*.

Nous reproduisons ci-dessous les statuts d'une société relative à l'assurance mutuelle contre la mortalité des chevaux et juments.

### Société d'assurances mutuelles contre la mortalité des chevaux et juments.

RÉPUBLIQUE FRANÇAISE

Au nom du peuple français,

Par-devant M. X..., notaire à la résidence de X..., ont comparu MM. (suivent les signatures);

Lesquels ont convenu de s'associer mutuellement contre la perte de leurs chevaux et juments, et, pour l'exécution de cette convention, ils ont d'un commun accord adopté le règlement dont la teneur suit :

ART. 1er. — La présente société est établie pour cinq années entières et consécutives en comptant d'aujourd'hui ; tout sociétaire aura la faculté de cesser de faire partie de la Société, mais seulement à l'expiration de chaque année et moyennant un avertissement préalable de trois mois donné au syndic.

ART. 2. — Toutefois, si un sociétaire cesse de tenir un ou plusieurs chevaux ou juments, il aura la faculté de se retirer de la présente Société ; mais il ne cessera d'en faire partie qu'après l'expiration des trois mois qui suivront l'avertissement spécial par lui donné au syndic.

Le sociétaire qui serait ainsi sorti de la Société en fera de nouveau partie de plein droit du jour où il se serait procuré un ou plusieurs chevaux ou juments.

ART. 3. — Les sociétaires pourront, dans la suite, s'adjoindre de nouveaux membres en tel nombre qu'ils le jugeront convenable, à la charge par les nouveaux membres de se conformer aux dispositions du présent acte et de verser dans la caisse de la Société une somme égale à celle versée par chaque sociétaire pour parer aux frais des présentes.

ART. 4. — Tout sociétaire sera tenu de conduire ses chevaux ou juments sur la place du foirail de X..., le jour qui sera indiqué ci-dessous, pour lesdits animaux être examinés et admis dans la Société sur le registre de laquelle ils seront inscrits avec ou sans tares, le tout selon qu'il y aura lieu, tout cheval ou jument reconnu avoir un vice rédhibitoire devra être rejeté.

Si l'un de ces vices se déclarait depuis l'admission d'un animal et que le propriétaire subît, après l'avoir vendu, l'application de la loi sur ce défaut, la Société serait tenue de réparer la totalité de la perte et d'indemniser, en outre, le propriétaire de tous frais par lui subis.

Tout cheval ou jument, atteint d'une maladie accidentelle ou autre, devra, durant trente jours, être bien soigné par le propriétaire, qui sera tenu d'appeler un vétérinaire.

ART. 6. — En cas de mort ou de maladie reconnue incurable, l'animal mort ou malade sera payé à son propriétaire d'après la valeur qu'il représentait avant la mort ou la maladie, et suivant l'estimation qui en sera faite par deux experts pris parmi les membres de la Société, l'un par le syndic, l'autre par le propriétaire de l'animal à estimer, lesquels experts, en cas de dissentiment, nommeront pour les départager un tiers expert pris également parmi les membres de la Société, ou, en cas de non-entente, nommé par le syndic.

Art. 7. — Après estimation faite, le montant de l'indemnité à payer au perdant sera répartie par le syndic entre tous les membres de la Société, y compris le perdant lui-même ; le montant de cette indemnité devra être versé entre les mains du syndic dans les quinze jours de la publication que celui-ci fera faire à X... par le crieur public, le dimanche qui suivra immédiatement le sinistre, à peine de 2 fr. d'amende contre tout sociétaire retardataire ; le syndic aura, à partir du jour de ladite publication, un délai d'un mois pour remettre au perdant le montant de l'indemnité à lui due.

Art. 8. — Le syndic demeure chargé de vendre au profit de la Société les animaux réformés, ceux atteints d'une maladie incurable, ainsi que les cuirs des animaux morts.

Ces ventes seront faites par la voie des enchères publiques.

Art. 9. — Les animaux assurés seront visités sur le champ de foire de X... deux fois l'an, le lendemain de la foire de la Saint-Martin et le lendemain de la foire de mai, à deux heures du soir.

Quiconque, sans excuse légitime et jugée telle par le syndic, aurait fait défaut à l'une de ces réunions, sera frappé d'une amende de 2 fr.

Art. 10. — Le produit des amendes sera versé entre les mains du syndic et servira à amortir, jusqu'à due concurrence, les indemnités à payer.

Art. 11. — La quote-part des indemnités à payer par chaque sociétaire sera proportionnelle au nombre de têtes assurées par lui.

Art. 12. — Chaque fois qu'un sociétaire échangera un animal ou en achètera un nouveau, il sera tenu de le présenter sur le champ de foire, le dimanche qui suivra immédiatement l'échange ou l'achat, au syndic, assisté de deux membres de la Société qui décideront s'il doit être ou non admis au bénéfice de l'assurance et le classeront selon qu'il y aura lieu.

La présente disposition s'appliquera aux personnes qui, dans la suite, voudraient faire partie de la Société.

Art. 13. — Sera complètement déchu du bénéfice de l'indemnité tout sociétaire qui, ayant acheté ou acquis par voie d'échange un cheval ou une jument atteint d'un vice rédhibitoire, reconnu par lui avant l'expiration du délai légal, n'aurait pas usé du bénéfice des dispositions édictées par la loi.

Art. 14. — Tout sociétaire, qui, ayant vendu ou échangé un animal, serait obligé de le reprendre, aura droit à une indemnité qui sera déterminée par l'estimation faite dans les formes ci-dessus prescrites.

Art. 15. — On ne pourra réformer que les animaux atteints d'une maladie incurable; il ne sera alloué d'indemnité que pour ceux-là, ceux dont la maladie se prolongera au delà de trente jours et ceux qui seront morts.

Toutefois, si un animal venait à perdre un œil, il serait réformé.

Art. 16. — Sera complètement déchu du bénéfice tout sociétaire qui, par de mauvais traitements, défaut de soin ou excès de travail, aura occasionné la mort ou une maladie incurable d'un animal, ou aura repris un animal réformé.

Art. 17. — D'un consentement unanime, les sociétaires ont nommé syndic M. X... Pour le rémunérer des peines inhérentes à ses fonctions, chaque sociétaire payera chaque année 1 franc au syndic.

Est nommé sous-syndic M. Z... Le sous-syndic ne jouira pas de la subvention accordée au syndic : il remplace seulement celui-ci en cas d'empêchement.

Art. 18. — D'un consentement unanime, la grosse des présentes qui porteront voie parée d'exécution sera remise au syndic qui demeurera chargé de recevoir le montant des indemités et des amendes.

Art. 19. — Les sociétaires pourront, si bon leur semble,

admettre au bénéfice de l'assurance des mules âgées de six mois à deux ans.

Toutes les dispositions qui précèdent leur seront applicables.

Et, pour l'exécution des présentes, les comparants élisent domicile dans leurs demeures.

*Conclusion.* — Une première conclusion s'impose. Il est extrêmement désirable de voir s'accroître dans la France entière le nombre des sociétés d'assurances mutuelles contre la mortalité du bétail. Les services qu'elles peuvent rendre sont considérables. Nos professeurs départementaux et spéciaux contribueront, nous en sommes sûr, à répandre la bonne parole et à grouper les hommes de bonne volonté.

Les instituteurs pourront très utilement les seconder dans cette tâche en faisant connaître les statuts des assurances mutuelles dont nous venons de parler et en signalant simultanément :

1° Les avantages que les sociétaires retirent de l'association ainsi formée;

2° La modicité des charges que les cotisations annuelles imposent aux intéressés, puisqu'elles ne dépassent pas 4 ou 5 francs par 1 000 francs de valeurs assurées.

A ce propos, nous croyons que c'est une précaution fort sage que de limiter à un maximum de 1 ou 2 p. 100 des valeurs assurées les cotisations extraordinaires qui pourraient être dues en cas d'épizootie.

A l'heure actuelle, une société d'assurances mutuelles contre la mortalité du bétail n'est pas une société civile. Elle a bien un objet licite et elle est contractée pour l'intérêt commun des parties; mais, d'un autre coté, ce n'est pas un contrat ayant pour objet le partage d'un bénéfice (art. 1832 et 1833 du Code civil).

Il était naturel d'assimiler les sociétés d'assurances mutuelles agricoles à des syndicats, mais, pour prévenir toute difficulté, le législateur devait intervenir en déclarant expressément qu'une pareille création ne dépassait pas les limites assignées aux pouvoirs des syndicats professionnels.

C'est ce qu'il a fait, d'ailleurs, par la loi du 4 juillet 1900, relative à la constitution des sociétés ou caisses d'assurances mutuelles agricoles.

Art. unique : « Les Sociétés ou Caisses mutuelles agricoles qui sont gérées ou administrées gratuitement, qui n'ont en vue, et qui, en fait, ne réalisent aucun bénéfice, sont affranchies des formalités prescrites par la loi du 24 juillet 1867 et le décret du 28 janvier 1868, relatifs aux Sociétés d'assurances. — Elles pourront se constituer en se soumettant aux prescriptions de la loi du 21 mars 1884 sur les syndicats professionnels.

— Les Sociétés ou Caisses d'assurances mutuelles agricoles ainsi créées seront exemptes de tous droits de timbre et d'enregistrement »...

## BIBLIOGRAPHIE

*L'Assurance mutuelle du bétail*, par M. de Rocquigny, 1 vol., 1898, chez Rousseau, 14, rue Soufflot.

Bibliothèque agricole pratique, t. XIV, *Économie rurale*, par D. Zolla, 1 vol., chez Guyot, 12, rue Paul-Lelong.

# CHAPITRE XI

La hausse du blé en 1903 et les prétendus agissements de la spéculation. — Causes réelles de cette hausse qui ne pouvait être de longue durée. — La hausse de la farine et du pain. — La réforme de la législation douanière et l'abaissement des droits sur le blé. — Hausse possible des prix et diminution du pouvoir d'achat de l'or. — Accroissement rapide de la production du métal jaune.

La récolte de froment obtenue en 1903 a été très considérable. Elle s'est élevée en France à 128 millions 700 000 hectolitres. C'est la plus belle moisson que l'on ait jamais constatée dans notre pays. On a vu, cependant, les cours monter rapidement à partir du mois d'avril et atteindre un maximum en mai, juin, et même juillet à la veille de cette extraordinaire moisson. Quelques personnes se sont étonnées de ce mouvement de hausse et n'ont pas hésité à accuser la spéculation de l'avoir provoqué. Que faut-il penser de cette hypothèse; devons-nous l'accepter sans discussion, ou bien peut-on assigner à la hausse qui s'est produite des causes toutes différentes? C'est ce que nous allons nous demander.

Voici, tout d'abord, quelles ont été les variations du cours des froments de première qualité sur le marché de Paris pendant le premier semestre de 1903 :

**Prix des 100 kilogr.**

| | Fr. c. | | Fr. c. |
|---|---|---|---|
| Janvier....... | 22 00 | Mai .......... | 24 60 |
| Février....... | 23 10 | Juin ......... | 24 60 |
| Mars........ . | 22 80 | Juillet........ | 24 60 |
| Avril........ | 24 30 | | |

La hausse est visible, notable, et persistante.

Peut-on admettre que l'insuffisance de la récolte précédente — celle de 1902 — ait provoqué ce renchérissement? Il nous est impossible de l'admettre. Cette récolte s'est élevée, en effet, à 115 millions d'hectolitres d'après les évaluations officielles, et ce chiffre reste supérieur à la moyenne des dix dernières années. D'ailleurs, le cours du blé ne subit pas de hausse à Paris à partir du mois d'août 1902 ; c'est ce que prouvent les chiffres suivants empruntés, comme les précédents, aux mercuriales du Syndicat général des grains et farines à la Bourse de Paris :

**Prix des 100 kilogr. de froment (1ʳᵉ qualité), en 1902.**

| | Fr. c. | | Fr. c. |
|---|---|---|---|
| Juillet.......... | 23 80 | Octobre........ | 21 30 |
| Août.......... | 21 90 | Novembre. .... | 21 20 |
| Septembre ..... | 20 40 | Décembre...... | 21 00 |

Les cours restent donc stationnaires ; ils ne sont

pas élevés et rien ne révèle des craintes relatives à l'insuffisance de notre approvisionnement.

Voyons-nous se constituer des stocks importants qui pourront un jour attester les visées de la spéculation et le projet de « décréter » la hausse pendant les premiers mois de 1903 pour écouler avec un gros profit les grains ainsi « accaparés »?

Voici les quantités officiellement déclarées et *affichées* à la Bourse de commerce comme représentant les stocks généraux existant à **Paris** pendant les six derniers mois des années 1900, 1901 et 1902. La comparaison en sera facile et instructive :

### Stocks à Paris.

*(Milliers de quintaux).*

|  | 1900 | 1901 | 1902 |
|---|---|---|---|
| Juillet . . . . . . . . . . . . | 486 | 180 | 99 |
| Août. . . . . . . . . . . . . | 497 | 170 | 81 |
| Septembre . . . . . . . . | 598 | 216 | 83 |
| Octobre . . . . . . . . . . | 457 | 739 | 226 |
| Novembre. . . . . . . . . | 397 | 721 | 201 |
| Décembre. . . . . . . . . | 322 | 698 | 239 |

Ainsi, l'année 1902 est, au contraire, remarquable par une réduction des stocks existant dans les magasins généraux. Ajoutons même que, durant les premiers mois de 1903, ces stocks sont encore très faibles et qu'il ne saurait être question de réserves extraordinaires accumulées en vue de ventes prochaines à des cours de famine.

### Stocks en 1903 à Paris.

*(Milliers de quintaux.)*

| | | | |
|---|---|---|---|
| Janvier......... | 60 | Mai........... | 24 |
| Février......... | 117 | Juin........... | 34 |
| Mars ...... ... | 72 | Juillet......... | 37 |
| Avril.......... | 29 | | |

Ces stocks sont très faibles ; cela est évident, et nous allons avoir l'occasion de le rappeler tout à l'heure.

Que s'est-il donc passé à partir du mois d'avril 1903 et comment peut on expliquer la hausse subite qui s'est produite?

Le voici, tout simplement. Nous avons souffert, dès les premiers jours du printemps, de très mauvais temps. Ces intempéries ont causé — en apparence — aux blés en terre un dommage appréciable. La récolte future a paru compromise. Les craintes exprimées à cet égard furent générales, et elles ont été exagérées. Il est certain, en tout cas, que les détenteurs de blé : industriels, commerçants, agriculteurs, ont escompté une hausse future que la mauvaise apparence des récoltes rendait vraisemblable. Leurs exigences se sont accrues, les offres se sont réduites, et les cours ont subi une hausse. Cette hausse n'a rien d'extraordinaire ; elle est la conséquence d'un mouvement de surprise et d'inquiétude, qui est toujours observé au début d'une période d'élévation des cours. On ne vend pas volontiers quand les cours montent, parce qu'on espère vendre encore plus cher huit ou quinze jours plus tard. Le marché se resserre, et les prix montent d'autant plus vite que l'acheteur, plus impressionnable, rencontre plus difficilement une contre-partie.

C'est précisément l'inverse de ce qui se produit pendant la période de baisse. Celle-ci se précipite et s'accentue parfois, en prenant la physionomie d'un véritable effondrement, parce que l'on se demande s'il n'est pas plus sage de vendre tout de suite que d'attendre des cours plus bas encore. Le vendeur ne trouve plus de contre-partie, et les prix s'affaissent aussi brusquement qu'ils s'étaient élevés au moment de la hausse.

Ces phénomènes psychologiques sont bien connus à la Bourse, et nous en constatons les effets à propos du blé. La faiblesse des stocks existant à Paris a facilité la hausse en montrant que les approvisionnements du commerce étaient peu considérables.

Il est donc bien inutile de parler d'agio, d'accaparement, de spéculation, etc. Le blé est devenu plus cher parce que la récolte future a paru un peu compromise par le mauvais temps; un mouvement d'émotion et de frayeur exagérées a provoqué une hausse brusque qui ne pouvait être, d'ailleurs, ni importante ni de longue durée.

Voici comment nous formulions à cet égard notre opinion en juin 1903 :

« Nous disons que la hausse actuelle ne sera ni considérable ni prolongée. Il est notoire, en effet, que la moisson française de 1902 a été bonne. Notre provision de blé est donc à peu près assurée.

« D'autre part, les marchés étrangers sont suffisamment pourvus puisqu'il ne se produit pas de hausse à l'heure actuelle. Sur la place de Londres on a coté, par exemple, les cours suivants par quintal de froment :

|  | Fr. c. |
|---|---|
| Janvier | 16 60 |
| Février | 16 60 |
| Mars | 16 90 |
| Avril | 16 50 |
| Mai | 16 50 |

« On n'observe pas d'élévation notable des prix, ce qui prouve que la quantité du blé disponible dans le monde est suffisante. La hausse observée en France tient donc à des causes locales ; elle n'est pas la conséquence d'un déficit général et reconnu de la production.

« Si les cours montent encore et que nous ayons besoin de froment, les importations étrangères pourront donc satisfaire aux besoins de notre consommation et surtout *limiter* la hausse. En ce moment, on voit augmenter l'écart entre les prix anglais et français parce que notre droit de douane de 7 francs joue en plein. Voici quelles étaient les différences de cotes constatées pour le blé en Angleterre et en France depuis janvier 1903 :

|  | Fr. c. |
|---|---|
| Janvier | 3 12 |
| Février | 4 34 |
| Mars | 4 62 |
| Avril | 4 79 |
| Mai | 7 05 |

« On paie donc, en ce moment, le blé 7 francs de plus en France qu'en Angleterre. Or, le droit est précisément de 7 francs. Il y aura donc égalité de prix pour l'importation au Havre et à Londres, le jour où l'on voudra importer.

« Dans le port français, le négociant touchera, par exemple, 24 fr. 60 par quintal, cours de Paris, mais il versera 7 francs de droits, ce qui donne un prix net de 17 fr. 60. D'autre part, le cours de Londres variant de 16 fr. 50 à 17 francs, il sera ainsi plus avantageux de vendre 100 kilogr. de blé au Havre et cette marchandise pourra pénétrer chez nous.

« La hausse sera donc arrêtée ou limitée naturellement, sans qu'il soit nécessaire de réduire le droit de douane que nous avons établi. Avant même que les importations étrangères n'interviennent pour limiter la hausse, n'est-il pas, d'ailleurs, probable que les réserves de nos culti-vateurs et les envois d'Algérie produiront le même résultat ?

« Le marché à terme du blé à livrer dans quel-ques mois ne paraît nullement inquiet, puisque les cours sont inférieurs — notablement — aux cours du comptant. Alors que les prix actuels atteignent ou dépassent 25 francs par quintal sur le marché de Paris, la cote des livraisons futures à effectuer dans deux mois ne dépasse pas 23 francs! Ce sont là des indices utiles à recueillir sinon des preuves d'une tendance à la baisse.

« Nous venons de parler des réserves de nos cultivateurs et de l'influence que pourra exercer sur les cours l'apport de ces blés attirés sur les marchés par l'appât des prix élevés.

« Nous croyons, en effet, que beaucoup d'agri-culteurs ne vendent pas habituellement toute leur récolte dans les trois ou quatre mois qui suivent la moisson. On verra apparaître ces réserves d'ici quelques jours parce que les producteurs aiment mieux tenir que d'espérer et qu'ils trouveront sage de réaliser pendant la période de hauts prix actuels. En ce moment on attend et l'on s'observe ; c'est le moment critique dont nous parlions plus haut. Au premier signe de faiblesse des cours qui fléchiront, il se produira des ventes. Il peut se faire alors que la baisse soit très brusque. »

L'émotion causée par la hausse du froment était, cependant, si vive à cette époque que certains députés demandaient une réduction des droits de douane.

On redoutait une nouvelle hausse des farines et du pain.

Ces craintes nous paraissaient exagérées et nous disions à ce propos :

« Est-il, toutefois, nécessaire de provoquer une baisse des farines en réduisant le droit de douane qui grève à cette heure les blés étrangers à leur entrée en France? Mes meilleurs amis pensent que oui; je ne suis pas de leur avis, ce qui ne m'empêche pas de rester fidèle à mes convictions libérales en matière économique. La hausse actuelle est à mes yeux toute passagère; le déficit de la récolte de 1903 sera peu important, ou, du moins, nous n'en connaîtrons l'importance réelle qu'à la fin de juillet ou d'août. D'autre part, le marché des blés, à l'étranger, n'est pas impressionné par une disette générale. On ne constate pas de mouvement de hausse accusé et persistant. Suivant nous la baisse est très probable d'ici peu. Si les libéraux réclamaient et obtenaient une réduction des droits de douane, celle-ci coïnciderait avec cette baisse naturelle et spontanée qu'on ne manquerait pas ensuite, dans le camp des agrariens, de considérer comme un effet de l'abaissement des droits. La baisse persistante qui suivra serait ensuite attribuée aux réclamations des libéraux, accusés d'être les pires ennemis de l'agriculture !

« Il est plus expédient et plus sage d'attendre, de réserver cette demande de réduction de droits pour une situation plus réellement critique et alarmante. L'abaissement, suivant nous inévitable, des cours dans quelque temps et la persistance des prix peu élevés montreront clairement l'impuissance des tarifs douaniers à relever précisément ce niveau des cours. »

Les événements ont justifié complètement nos conclusions. Non seulement la récolte de 1903 n'a pas été « désastreuse », comme on le redoutait, mais encore elle s'est trouvée très belle, et même exceptionnellement abondante puisque des évaluations officielles la portaient dès le mois d'octobre à 128 700 000 hectolitres.

Les cours ont naturellement subi l'influence de l'abondance de la production. Ils se sont abaissés rapidement depuis le mois d'août, c'est-à-dire à partir du moment où l'on a pu se rendre compte exactement du nombre des « gerbes » et des rendements en grains. Le prix des farines a suivi la même marche, et il n'est plus question d'abaisser les droits de douane frappant le blé étranger.

Voici quelles ont été les fluctuations de cours notées depuis le mois de juillet 1903 :

Cours du froment et de la farine (par **100 kilogr.**)

|  | Blé dans la région du Nord. | Farine 1res marques à Paris. |
|---|---|---|
|  | fr. c. | fr. c. |
| Juillet | 23 67 | 35 50 |
| Août | 23 43 | 34 70 |
| Septembre | 21 16 | 31 52 |
| Octobre | 20 56 | 31 85 |

L'enchaînement logique des faits est donc bien apparent. L'abondance de la récolte fait baisser le prix du blé et provoque en même temps la baisse des farines. Ceci démontre une fois de plus que les cours dépendent de nos récoltes beaucoup plus que des importations étrangères. Pendant les neuf premiers mois des années 1902 et 1903, les quantités de blé introduites en France ont été, en effet, les suivantes :

| 1902 | 1 758 000 quintaux |
|---|---|
| 1903 | 3 785 000 — |

L'augmentation ainsi constatée en 1903 doit être attribuée à la hausse des prix et, comme nous le disions plus haut, l'élévation des cours a été limitée avant même que l'annonce d'une belle récolte eût provoqué la baisse.

Ainsi, les variations des cours sont expliquées en 1903 par des faits très simples et la « spéculation », cette puissance mystérieuse dont on parle à voix basse si souvent, nous paraît tout à fait étrangère à la hausse ou à la baisse récente qui a vivement ému le public agricole.

Que s'est-il passé à la même époque pour la farine et le pain, dont les cours s'élevaient au printemps de l'année dernière?

Le cours de la farine a certainement augmenté, sur le marché de Paris, par exemple, depuis le mois de janvier. En relevant le cours des 100 kilogr. (*premières marques*), on trouve :

|  |  | Fr. | c. |
|---|---|---|---|
| Janvier 1903 | | 30 | 50 |
| Février — | | 32 | 50 |
| Mars — | | 33 | 50 |
| Avril — | | 36 | » |
| Mai — | | 36 | » |

La hausse est visible; elle est la conséquence de celle que nous avons signalée à propos du blé.

Mais, dira-t-on, le cours de la farine a augmenté plus vite que celui du blé C'est vrai. En calculant la différence des deux cours pour le blé de la région Nord et la farine 1$^{res}$ marques cotée à Paris, on trouve :

|  | Fr. | c. |
|---|---|---|
| En janvier | 11 | 18 |
| — février | 11 | 56 |
| — mars | 11 | 98 |
| — avril | 11 | 81 |
| — mai | 12 | 45 |

Ainsi l'écart constaté entre le prix de la farine et celui du blé a augmenté progressivement. Est-ce étonnant? Pas le moins du monde! C'est une règle générale observée depuis cinquante ans et plus, et elle s'explique très naturellement. On ne mange pas du blé, mais bien de la farine; cette dernière est le produit immédiatement utilisable dont on craint de manquer et dont on a besoin. Elle subit donc une hausse plus rapide parce que le meunier qui la livre pendant que le blé monte ne sait pas toujours exactement ce qu'elle vaudra et ce que vaudra le blé huit jours plus tard. Le cours de la farine est plus impressionnable que celui du blé; il en est toujours ainsi, et les hommes qui ont étudié ces questions sans parti pris l'ont observé à maintes reprises.

Remarquons, en outre, qu'il s'agit ici de l'écart constaté entre *un* quintal de farine et *un* quintal de blé. Or, il faut 149 kilogr. de blé pour fabriquer 100 kilogr. de farine de choix. La différence entre le prix du quintal de farine et celui du quintal de blé augmente naturellement quand le cours du froment vient à s'élever puisque le prix des 49 kilogr. de blé supplémentaires s'élève du même coup. C'est l'évidence même.

Ce qui est hors de doute, dans tous les cas, c'est que le cours des farines varie dans le même sens que celui des blés.

Voici maintenant ce qui s'est passé à propos du pain.

Nous n'étonnerons personne en affirmant qu'on fait du pain avec de la farine et que la valeur marchande de cette dernière règle le prix de vente exigé par les boulangers.

Depuis janvier jusqu'à mai, le cours du quintal de farine a augmenté de 5 fr. 50. Cette hausse a été lente mais ininterrompue. Les boulangers l'ont subie; leurs bénéfices ont certainement diminué progressivement puisqu'ils achetaient plus cher leur matière première, et pourtant ils n'ont pas — jusqu'aux derniers jours — augmenté le prix du pain. Voilà la vérité; et cette simple constatation suffit à prouver combien il serait injuste de les attaquer. On ne peut pas raisonnablement leur demander de vendre le pain à bon marché quand la farine est chère.

C'est au dernier moment qu'ils se sont résolus à demander au consommateur 5 centimes de plus par kilogr. Pourquoi? Tout simplement parce que le sou ne se divise pas, habituellement du moins. C'est une tradition.

Une hausse de 5 fr. 50 par quintal de farine représente une augmentation de 4 centimes environ par kilogr. de pain, si l'on compte 75 kilogr. de farine pour 100 kilogr. de pain, ce qui est à peu près la proportion réelle. La hausse de 5 centimes par kilogr. résulte de l'*indivisibilité du sou*, et elle compense les pertes subies pendant trois mois par suite de la hausse des farines, hausse que les boulangers ont *soufferte*, puisqu'ils n'ont pas élevé le prix de leur marchandise dans la même proportion.

Les choses se passent toujours ainsi depuis longtemps. C'est ce que le public oublie, parce qu'il n'a pas le loisir d'étudier ces questions. En 1891, en 1898, lorsque les farines ont augmenté, les choses se sont passées de la même façon. Le boulanger, qui veut toujours ménager sa clientèle, n'élève le prix du pain qu'au dernier moment. En revanche, il ne l'abaisse que plus tard, quand le prix de la farine a déjà diminué d'une façon sensible.

Il regagne à peu près dans la période de baisse ce qu'il a perdu de bénéfices pendant la période de hausse.

Ne parlons donc pas de spéculation, ne traitons pas les boulangers d'affameurs.

Quant à la réforme de la législation douanière actuelle, elle ne saurait être obtenue en ce moment parce que nous ne sommes pas encore sortis de la période de baisse qui a commencé vers 1880. L'expérience nous apprend que nous sommes devenus protectionnistes pendant les périodes de baisse, et que les idées libérales n'ont triomphé que durant une période de hausse au XIXe siècle.

Les prix des denrées agricoles, et notamment

le cours du blé, étaient restés fort élevés à la fin du XVIII° siècle jusque vers 1820. On ne songeait pas à se protéger contre la concurrence étrangère. La baisse survenue à partir de 1817 effraie les propriétaires et les agriculteurs qui obtiennent le vote d'une législation douanière protectrice : l'échelle mobile. Durant toute une période de baisse qui n'a pris fin qu'en 1850, les cours sont restés fort bas, et les idées protectionnistes l'ont emporté, malgré l'impuissance visible des tarifs à faire monter les prix jusqu'à un niveau plus élevé. Ces cours s'abaissent, alors même que les importations sont nulles, comme le montre le tableau suivant :

| Périodes. | Prix par hectolitre. | Importations (milliers d'hectolitres). |
|---|---|---|
| | Fr. c. | |
| 1791-1820............... | 22 93 | » |
| 1820 .................... | 19 13 | 495 |
| 1821 .................... | 17 79 | 442 |
| 1822 .................... | 15 59 | » |
| 1823 .. ................. | 17 52 | » |
| 1824 .................... | 16 22 | » |
| 1825 .................... | 15 74 | » |
| 1826 .................... | 15 85 | » |
| 1827 .................... | 18 21 | 44 |
| 1828 .................... | 22 03 | 850 |
| 1829 .................... | 22 59 | 1 207 |

Ainsi, les importations tombent à zéro depuis 1822 jusqu'à 1827; la concurrence étrangère ne peut donc exercer aucune influence sur les cours, et cependant ces derniers tombent à 15 ou 16 francs, alors qu'ils s'étaient élevés jusqu'à 22 fr. 93, depuis 1791 jusqu'à 1820. Il est vrai que les prix se relèvent en 1828 et 1829, mais les importations augmentent au même moment.

A partir de 1831, les cours sont encore fort bas; le niveau moyen dépasse cependant celui que nous avons indiqué depuis 1820 jusqu'à 1828. *Cependant les importations, bien loin d'avoir diminué, se sont développées.*

| Périodes. | Prix par hectolitre. | Importations (milliers d'hectolitres). |
|---|---|---|
|  | Fr. c. |  |
| 1831-1835 | 18 11 | 1 121 |
| 1836-1840 | 19 81 | 804 |
| 1841-1845 | 19 61 | 1 193 |
| 1846-1850 | 19 87 | 3 252 |

Les mauvaises récoltes des années 1846 et 1847 déterminent une augmentation imprévue des importations; mais c'est là un événement extraordinaire.

En résumé, les prix restent au-dessous du niveau atteint depuis 1791 jusqu'à 1820, et les importations étrangères, entravées d'ailleurs par des droits de douane, ne peuvent être accusées d'avoir provoqué la baisse.

Le protectionnisme continue à inspirer notre législation douanière, précisément parce que les prix restent bas.

Après 1850, nous entrons dans une période de hausse; le prix du froment augmente. On ne s'inquiète plus désormais des importations croissantes qui n'ont point, d'ailleurs, pour effet, de peser sur les cours, et les idées libérales l'emportent puisque les droits sur les blés sont réduits à une simple taxe de 0 fr. 60 par quintal.

On voit même augmenter les importations étrangères à mesure que les cours s'élèvent. C'est ce que montre le tableau suivant :

| Périodes. | Prix par hectolitre. | Importation (millions d'hectolitres). |
|---|---|---|
| | Fr. c. | |
| 1856-1860................... | 21 76 | 3,3 |
| 1861-1865. ................ | 20 40 | 4,7 |
| 1866-1870................... | 22 40 | 5,7 |
| 1871-1875................ | 23 70 | 8,4 |

A partir de 1880, nous entrons dans une période de baisse; les cours s'affaissent, bien que les importations étrangères restent stationnaires :

| Périodes. | Importations de froment (millions d'hect.). | Prix de l'hectolitre. |
|---|---|---|
| | | Fr. c. |
| 1871-1880............ | 12,9 | 23 » |
| 1881-1890............ | 13,4 | 18 80 |
| 1891-1897............ | 13,5 | 16 89 |

Dès le début de cette période nouvelle de baisse, les idées protectionnistes reprennent faveur et l'on vote successivement, en 1885, 1887 et 1894, des

droits de douane qui restent, d'ailleurs, impuis-
sants à faire remonter les cours à leur ancien
niveau.

Tout ce que les taxes ont pu produire comme
conséquence, c'est une limitation de la baisse, une
hausse *relative*. Le blé vaut plus cher en France
que dans un pays où cette céréale n'est pas
frappée par des droits de douane aussi élevés.
Ainsi, l'écart constaté entre les cours anglais et
français est le suivant par hectolitre depuis 1893 :

|  | Fr. c. |
|---|---|
| 1893-1895 | 5 08 |
| 1894-1896 | 4 51 |
| 1895-1897 | 4 72 |
| 1896-1898 | 4 90 |
| 1897-1899 | 5 10 |
| 1898-1900 | 4 20 |
| Moyenne | 4 75 |

En d'autres termes, les droits de douane français ont provoqué une hausse relative qui est
*vraisemblablement* égale à 4 fr. 75 par hectolitre,
si l'on admet qu'à égalité de droits les cours
seraient les mêmes en Angleterre et en France.

Pour arriver à modifier notre régime douanier,
il faudrait qu'une hausse notable et persistante
relevât nos cours comme on l'a observé de 1850
à 1875 ou 1880. Il ne serait plus question dès
lors de concurrence étrangère, d'« inondation
de notre marché », de tribut que nous payons à

l'étranger, de l'alimentation de la France en cas de guerre maritime, etc., etc.

Est-il admissible, précisément, que l'on puisse observer d'ici quelques années une hausse malgré le développement incontesté de la production du blé dans le monde, et *surtout dans notre pays*, malgré l'abaissement des frets maritimes ou du prix des transports par terre?

Nous sommes persuadés que cela n'est ni impossible ni improbable. Cette hausse s'est en effet produite à partir de 1850 et 1860 jusqu'à 1875 :

1° Malgré l'accroissement rapide et en quelque sorte inespéré de notre production intérieure;

2° Malgré l'augmentation marquée et de plus en plus rapide des importations étrangères.

3° Malgré les progrès incontestables de la production dans le monde, malgré le développement des voies ferrées et les facilités croissantes des transports maritimes;

4° Malgré la réduction des droits de douane.

Pour mettre en évidence le mouvement de hausse, malgré l'accroissement de notre production et de nos importations, nous résumons les faits dans le tableau suivant :

Variations simultanées des récoltes, des importations
et du prix du froment en France.

| Périodes quinquennales. | Récoltes (millions d'hectol.). | Importations (milliers d'hectol. | Prix par hectol. |
|---|---|---|---|
| | | | Fr.  c. |
| 1831-1835......... | 67 | 1 121 | 18 21 |
| 1836-1840......... | 69 | 804 | 19 86 |
| 1841-1845......... | 74 | 1 193 | 19 61 |
| 1846-1850......... | 85 | 3 252 | 19 87 |
| Moyennes..... | 74 | 1 592 | 19 39 |
| 1851-1855......... | 81 | 2 879 | 22 92 |
| 1856-1860......... | 98 | 3 323 | 21 70 |
| 1861-1865......... | 99 | 4 721 | 20 40 |
| 1866-1870......... | 92 | 5 752 | 22 40 |
| 1871-1875......... | 101 | 8 431 | 23 70 |
| Moyennes..... | 94 | 5 021 | 22 23 |

En comparant la première période (1831-1850)
à la seconde (1851-1875), on voit que les récoltes
moyennes annuelles passent de 74 à 94 millions
d'hectolitres ; les importations de 1 500 000 hectolitres à 5 millions et que cependant les prix
s'élèvent, par hectolitre, à 19 fr. 39, à 22 fr. 23,
ou de 15 p. 100 environ.

Si l'on veut bien remarquer, en outre, que les
droits protecteurs ont été supprimés à partir de
1860, on constatera que la hausse s'est produite
au moment où tout semblait devoir provoquer
une baisse. Le même phénomène s'était déjà
produit à une autre époque, au xviii<sup>e</sup> siècle, par
exemple, lorsqu'on vit, à partir de 1770, le
cours du blé s'élever rapidement malgré le déve-

loppement de la production et l'influence de la paix.

Dans les deux cas, il est fort probable que l'augmentation de la production des métaux précieux a eu pour effet de relever la plupart des prix, parce que le pouvoir d'achat de ces métaux monétaires a diminué. Tout le monde sait notamment que l'afflux d'or qui s'est produit en Europe à partir de 1850 a exercé une influence sur le cours des principales marchandises.

Il se produit précisément, depuis quelques années, un phénomène analogue.

La production de l'or, qui avait fléchi jusqu'en 1885, s'est développée ensuite avec une extraordinaire rapidité. En voici la preuve :

### Production de l'or dans le monde.

|  | Milliers de kilogr. |
|---|---|
| 1856-1860 | 201 750 |
| 1861-1865 | 185 057 |
| 1866-1870 | 195 026 |
| 1871-1875 | 173 904 |
| 1876-1880 | 166 095 |
| 1881-1885 | 153 643 |
| 1886-1890 | 169 862 |
| 1891-1895 | 245 175 |
| 1896-1900 | 387 866 |

Durant la dernière période quinquennale, 1896-1900, le poids d'or produit dépasse de 187 000 kilogr. celui qu'on extrayait de 1856 à 1860 ! Il n'est pas probable que le chiffre des extractions diminue ; il pourra grossir au contraire. Dans ce cas, au bout d'une dizaine d'années, l'or subira une diminution de valeur, ou, en d'autres termes, son pouvoir d'achat diminuera. Nous assisterons à un phénomène bien connu, celui d'une hausse générale analogue à celle qui se produisit de 1850 à 1875. Le cours des céréales sera sans nul doute affecté par ce mouvement, et les idées protectionnistes perdront la faveur qu'on leur accorde aujourd'hui. Rien ne sera plus facile à ce moment que d'obtenir une réduction des droits de douane. Le protectionnisme agricole sera momentanément abandonné par ses partisans jusqu'à ce qu'une période de baisse vienne réveiller leurs craintes, inquiéter leurs intérêts, et faire voter à nouveau des taxes protectrices.

## BIBLIOGRAPHIE

Voir : nos *Questions agricoles d'hier et d'aujourd'hui*, 1re et 2e séries, Paris, Alcan, 1894-1895.

*Études d'économie rurale*, Paris, Masson, 1896.

Voir aussi notre ouvrage : *La crise agricole*, 1 vol., Paris, Naud, 3, rue Racine, 1903.

# CHAPITRE XII

La division de la propriété rurale en Angleterre et en France.
— Tentatives faites pour reconstituer le groupe des petits propriétaires anglais. — Insuffisance des mesures prises à cet égard,
et impuissance d'une réforme légale.


M. Souchon, professeur à la Faculté de Droit
de Paris, a publié, il y a quelques années, un
volume[1] très intéressant et documenté sur une
question qui reste toujours jeune et « actuelle »,
malgré son grand âge : celle de la petite propriété.
Dans le quatrième chapitre, l'auteur étudie notamment les mesures législatives en faveur de la
propriété paysanne, mesures destinées à en
assurer le développement ou le maintien. M. Souchon rappelle tout d'abord les efforts faits au
siècle dernier en Prusse et en Autriche pour
attacher les paysans au sol. Frédéric II concéda
à titre définitif des étendues notables de ses
propres domaines aux cultivateurs qui lui paraissaient mériter cette faveur. Marie-Thérèse et
Joseph II en firent autant dans les provinces alle-

1. Paris, Larose, 1899.

mandes de la monarchie. Le Danemark avançait au xviii<sup>e</sup> siècle les deux tiers du prix des terres que voulaient acquérir les petits cultivateurs et se contentait pour intérêt et amortissement d'un arrérage correspondant à 6 p. 100 des capitaux prêtés.

M. Souchon parle ensuite de l'Angleterre à propos des lois relativement récentes qui se rapportent aux *allotments* et aux *small-holdings*.

Il est utile de rappeler, à ce propos, quelle est la situation de la propriété rurale anglaise au point de vue de sa division.

M. Craigie, secrétaire de la Chambre centrale d'agriculture en Angleterre, a publié sur cette question un travail très complet auquel nous emprunterons le tableau suivant :

**Angleterre (moins Londres) et Pays de Galles.**

| Classes des propriétaires. | Nombre des propriétaires. | Étendue des propriétés. |
|---|---|---|
| | | Hectares |
| Pairs (peers)........................ | 400 | 2 320 245 |
| Très grands propriétaires (great landowners)..................... | 1 288 | 3 444 690 |
| Grands propriétaires (squires).... | 2 529 | 1 749 195 |
| —    —  (greater yeomen). | 9 585 | 1 937 115 |
| —    —  (lesser yeomen).. | 24 415 | 1 678 320 |
| Total............... | 38 214 | 11 126 665 |
| Petits propriétaires (small proprietors)........................ | 217 049 | 1 192 460 |
| Cottagers (cottagers)............. | 703 239 | 61 155 |
| Établissements publics (public, bodies)............................ | 14 459 | 584 820 |
| | 973 011 | 13 305 000 |

Sur une surface totale de 13 millions d'hectares, les *pairs*, au nombre de 400, possèdent 2 320 245 hectares, soit 17 p. 100 de l'étendue considérée. Trente-huit mille familles de grands propriétaires détiennent 84 p. 100 du sol cultivé! Il reste à peine quelques parcelles insignifiantes à répartir entre les 920 000 petits propriétaires et « cottagers » que la statistique est parvenue à dénombrer.

Rien de plus curieux que le tableau à l'aide duquel M. Craigie met en évidence la décroissance rapide du nombre des propriétaires fonciers à mesure que la surface moyenne des domaines augmente. Voici ce tableau qui parle aux yeux :

**Angleterre (moins Londres) et Pays de Galles.**

| | Nombre des propriétaires. | Contenances des propriétés. |
| --- | --- | --- |
| | | Hectares |
| Moins de 0$^{ha}$,405 | 703 289 | 61 225 |
| De 0$^{ha}$,405 à 4$^{ha}$,05 | 121 983 | 193 865 |
| — 4 ,05 à 20 ,25 | 72 640 | 708 782 |
| — 20 ,25 à 40 ,5 | 25 839 | 725 600 |
| — 40 ,5 à 20 ,25 | 32 317 | 2 765 076 |
| — 402 ,5 à 405 hect. | 4 799 | 1 343 660 |
| — 405 à 810 — | 2 719 | 1 538 719 |
| — 810 à 2 025 — | 1 815 | 2 239 322 |
| — 2 025 à 4 050 — | 581 | 1 609 764 |
| — 4 050 à 8 100 — | 223 | 1 254 963 |
| — 8 100 à 20 250 — | 66 | 776 416 |
| — 20 250 à 40 500 — | 3 | 78 950 |
| 40 500 hectares et plus | 1 | 73 555 |
| Superficies inconnues | 6 448 | » |
| Revenus inconnus | 113 | 577 |
| Totaux | 972 836 | 13 370 474 |

La situation est toute différente en France, et rien n'est plus naturel que de faire ici une comparaison avant de porter un jugement. L'enquête officielle de 1884 nous fournit, notamment, le classement de nos cotes foncières par catégories de contenances. C'est là une précieuse *indication* bien que le nombre des cotes soit loin de correspondre à celui des propriétaires. On compte généralement 60 propriétaires pour 100 cotes! Le tableau suivant exagère donc, au lieu de l'atténuer, la division des terres dans notre pays.

**Classement des cotes foncières par catégories de contenances, en France (enquête de 1884).**

| DÉSIGNATION DES GROUPES | CONTENANCES IMPOSABLES | |
|---|---|---|
| | Nombre d'hectares. | Parts proportionnelles. |
| | | p. 100 |
| Cottages ou parcelles bâties (0 à 1 hect)... | 2 574 589 | 5,14 |
| Très petite propriété (0 à 5 hect.). | 8 647 714 | 17,28 |
| Petite propriété (5 à 10 hect.)... | 6 254 142 | 12,75 |
| Moyenne propriété (10 à 50 hect.). | 14 496 260 | 29,57 |
| Grande propriété (50 à 200 hect.). | 9 398 057 | 19,04 |
| Très grande propriété (plus de 200 hect.)... | 8 017 542 | 16,22 |
| Totaux... | 49 380 304 | 100,00 |

En Angleterre, la grande propriété dépassant 50 hectares représente 84 p. 100 du sol cultivé; en France, elle n'occupe que 35 p. 100 du territoire. Un dixième du sol appartient seulement, en Angleterre, aux petits propriétaires, tandis qu'en

France ils possèdent près du tiers de la surface totale !

A une époque troublée où la concurrence toujours plus ardente et plus active rend aussi plus difficiles que jamais les rapports entre l'entrepreneur et l'ouvrier, l'Angleterre ne possède plus comme les autres États de l'Europe en général, comme la France en particulier, cette armée de propriétaires diligents, travailleurs obscurs et patients, qui vivent sur la terre dont ils sont les maîtres. Entre le landlord et le fermier, il n'y a place désormais que pour l'ouvrier rural, qu'aucun lien ne rattache au sol et qui ne trouve plus dans son champ, dans la parcelle qui lui appartient, une excitation au travail et à l'épargne, une aide contre la misère aux heures de crise. Il n'existe pas non plus de ces contrats si variables et si souples qui, sous le nom de *métayage* ou de *colonage partiaire*, solidarisent les intérêts du propriétaire et du travailleur agricole. On ne distingue plus que trois grandes catégories parmi ceux que leurs intérêts rattachent immédiatement au sol : le propriétaire qui perçoit la rente; le fermier qui dirige la culture; le salarié qui fournit le travail. Il est malheureusement prouvé que la part faite à ce dernier est généralement insuffisante; le paupérisme rural existe en Angleterre comme le paupérisme des villes, sans aucun des adoucissements que l'existence de la petite propriété peut apporter ailleurs pour diminuer les souffrances et calmer les irritations de la misère.

L'Angleterre est le seul pays de l'Europe où la propriété du sol soit enlevée à ceux qui le cultivent; elle est la seule nation aussi chez laquelle une taxe officielle pour les pauvres, levée comme une rançon sur les revenus de la propriété foncière, vienne rappeler en même temps l'existence d'une misère sociale et la cause qui l'a fait naître.

Les conséquences de l'organisation encore féodale de la propriété se font sentir jusque dans le principe même du droit qui la justifie. Le fief concédé autrefois au vassal ne pouvait jamais devenir la propriété absolue de ce dernier. Il en résulte que tous les propriétaires anglais sont encore considérés aujourd'hui par la doctrine et la jurisprudence comme étant simplement des *tenanciers héréditaires de la Couronne.*

Le domaine *éminent* du sol appartient à cette dernière et la notion de la propriété quiritaire ou absolue telle que nous la concevons en France n'existe pas en Angleterre. La première chose que l'étudiant doit faire est de se débarrasser de toute idée de propriété absolue, une pareille idée est complètement étrangère à la loi anglaise. Nul n'est en droit propriétaire absolu de terre.

Voilà ce qu'on peut lire dans un traité classique

de droit anglais [1]. Ces idées sont, au reste, familières à tous ceux qui ont suivi dans nos Facultés un cours de droit international privé.

Il résulte de pareils principes que la propriété est non pas un droit, mais un fait, et que la loi capable non seulement de garantir la propriété, mais de la créer, peut la modifier, la mutiler, la transformer au gré du législateur si l'intérêt public semble l'exiger. Le fondement de la propriété foncière est politique, non « éthique », disait un jurisconsulte anglais ; l'utilité de la propriété, voilà sa raison d'être.

« Un des grands hommes d'État de l'Angleterre, M. Gladstone, faisait simplement l'application de ce principe quand il disait, voici près de trente ans, à propos du bill agraire de l'Irlande : « La « liberté des contrats a été en Irlande un grand « mal ; mais, même dans un état de la société que « nous considérons comme sain et normal, il n'est « pas possible de permettre une liberté complète « des contrats. »

La législation anglaise est remplie de cas d'intervention de l'État dans ce domaine, et le Parlement se montre de plus en plus disposé à les multiplier. C'est ainsi que le rachat des terres en Irlande, la fixation arbitraire des fermages, sont

1. William, *On the law of real property.*

considérés chez nos voisins comme des questions politiques ou économiques qui ne relèvent pas du droit privé. Les landlords irlandais n'ont jamais songé à protester au nom de leur droit de propriétaires contre l'expropriation dont on les menaçait. Ils savaient pertinemment que ce droit qu'ils ne pouvaient invoquer était conditionnel et non absolu comme il l'est en France. Il est reconnu par tous les jurisconsultes anglais que la terre appartient en définitive à la *Couronne*, et que cette dernière peut porter atteinte sans discussion possible à ce que nous considérons, dans notre pays, comme les droits les plus élémentaires de la propriété.

Une réaction d'une portée politique considérable se produit aujourd'hui en Angleterre contre l'immobilisation du sol au moyen des substitutions, et surtout contre la concentration excessive de la propriété entre les mains de quelques privilégiés.

L'homme d'État illustre placé, il y a quelques années, à la tête du parti démocratique en Angleterre, M. Gladstone, proclamait, dans son Manifeste électoral de septembre 1885, la nécessité des réformes. « Appartenant, disait-il, à une école pleine de foi dans les lois économiques, je désapprouve l'atteinte qui leur est portée par les substitutions, et je les condamne plus encore au point de vue social et moral. Mon vœu serait de maintenir la liberté testamentaire, mais en même temps de rendre la propriété libre, et libre aussi la transmission des biens-fonds. Je voudrais, par ces moyens ou par d'autres moyens légitimes, amener une étroite union entre le peuple et la terre ; je voudrais augmenter considérablement le nombre de ceux à qui appartiennent et le sol qu'ils exploitent et surtout la maison qu'ils habitent. »

Inspiré par le même esprit politique, M. Jess Collings, député radical à la Chambre des Communes, proposait l'amendement suivant : « La Chambre exprime humblement son regret que Sa Majesté n'annonce aucune mesure tendant à soulager les classes rurales, et spécialement à faciliter aux travailleurs agricoles l'obtention de petits lots de terre (*allotments*) dont la jouissance leur serait concédée à des conditions équitables, soit comme prix, soit comme sécurité. »

Cet amendement, vivement combattu par le gouvernement, et défendu par M. Gladstone, fut adopté à une imposante majorité par la Chambre des Communes.

Le ministère Salisbury, mis en minorité, donna sa démission à la suite de cet échec.

La chute d'un ministère n'est pas un événement bien extraordinaire dans un pays soumis au régime parlementaire ; mais il suffit à montrer l'importance extrême qu'a prise la question agraire dans la politique intérieure de l'Angleterre. On peut assigner deux causes à ce mouvement d'opinion très réel et très puissant, qui se révèle par des publications nombreuses, des projets de loi et les discussions les plus vives au sein du Parlement. La première de ces causes est la situation misérable et précaire de la classe des ouvriers ruraux [1], la nécessité qui s'impose d'améliorer leur sort en leur facilitant les moyens d'acquérir un lot de terre pour combattre la misère et la faim; la deuxième cause, qui n'est pas la moins importante, est la nouvelle position des ouvriers agricoles au point de vue politique, et l'influence considérable qu'ils ont acquise avec le droit de vote.

Le parti libéral a remporté la victoire il y a un peu plus de quinze ans dans les comtés où il s'était fait l'avocat et le champion des revendications de la classe rurale; il n'a essuyé que des échecs dans les villes où il ne pouvait s'appuyer sur la majorité des ouvriers agricoles dont il soutenait les intérêts. Une pareille situation était facile à prévoir du moment que le droit de suffrage était reconnu à des populations dont la

---

1. Elle s'est pourtant améliorée depuis vingt ans malgré la crise agricole. Les salaires se sont élevés en Angleterre comme en France.

voix avait été jusque-là étouffée; la constitution
d'un parti politique nouveau, s'appuyant sur la
classe ouvrière des campagnes, s'imposait comme
une nécessité, et il n'est plus permis aujourd'hui
de s'étonner en constatant son existence. La situation nouvelle ne laisse pas que d'avoir ses
dangers. La constitution de la propriété foncière
anglaise est une cause de faiblesse dans cette lutte
politique. L'antagonisme semble imminent entre
cette classe restreinte de grands propriétaires
privilégiés ou de fermiers riches et cette nom-
breuse population agricole n'ayant droit ni au sol
qu'elle fouille depuis des siècles, ni aux richesses
qu'elles produit! Jusqu'à ce jour, les ouvriers
agricoles n'ont pas engagé cette lutte du travail
contre le capital, qui apporte tant de troubles et
provoque tant de souffrances dans l'usine et la
manufacture.

Le jour où ils l'entreprendront, ils se trouveront une légion contre une minorité de privilégiés. En France, si une poignée de rêveurs
exaltés voulaient toucher à la propriété pour la
remanier, quatre millions de propriétaires, et même
plus, se lèveraient pour les confondre; en Angleterre, on n'en trouverait pas 150 000 en face
d'un million de prolétaires. Nous le répétons, une
pareille situation offre des dangers : l'aristocratie
anglaise en a le sentiment. Comprenant parfai-

tement le sens et la portée du mouvement d'opinion qui se produit, elle le devance pour en prévenir les effets et les exagérations.

Une association, qui se propose l'extension volontaire du système des *allotments*, s'est constituée, en 1886, sous la présidence du duc de Westminster, et le comte d'Onslow, secrétaire du comité, a publié à Londres un volume très intéressant où il explique le but poursuivi par les fondateurs, en même temps qu'il indique l'état de la question et les résultats dans le passé et dans le présent.

« Cette Association, dit-il, a été formée dans le but de vulgariser et d'étendre une pratique déjà fort répandue dans beaucoup de régions, celle de louer à titre *d'allotments* une petite quantité de terres arables ou une surface de prairie suffisante pour une vache, sans compter le jardin attenant au cottage.

« Il a été démontré, devant la commission royale du logement des classes ouvrières, que les salaires des laboureurs ne pourraient augmenter tant que durerait la crise agricole actuelle; c'est pourquoi il fallait résoudre la question de savoir comment on pourrait améliorer la situation de l'ouvrier agricole sans sacrifier à son profit la propriété de toute une autre classe de la société. Le seul capital que possède l'ouvrier rural est son travail, et le meilleur moyen d'améliorer son sort consiste à le mettre en état de tirer le meilleur revenu possible de ce capital. Il est aujourd'hui admis par tout le monde que le salarié pauvre qui possède un « allotment » utilise volontiers, pour le cultiver, le temps dont il dispose avant ou après ses heures ordinaires de travail, et le résultat de ses efforts personnels ou des soins apportés par sa famille se traduit par une amélioration réelle dans sa condition sociale et sa situation financière.

« On a constaté que le fermage des « allotments » était payé régulièrement, et que le tenancier pouvait disposer d'une quantité d'engrais suffisante pour entretenir la fertilité du sol; on peut créer ainsi une classe de petits fermiers très reconnaissants des secours qu'on leur fournit, et *s'offrant à payer un prix de location élevé pour la terre.*

«Une excellente occasion s'offre aux propriétaires fonciers de montrer qu'au sujet de la création des « allotments » il n'est pas nécessaire de recourir à la contrainte législative, et que le résultat, qu'on se propose d'atteindre au moyen de lois dont les avantages pour les populations attachées au sol sont très douteux, peut être obtenu par le *concours volontaire de ceux qui en ont le pouvoir, c'est-à-dire des propriétaires eux-mêmes* [1]. »

1. *Landlords and Allotments* by the Earl of Onslow, secretary

D'après le comte d'Onslow, deux cent quarante-huit landlords, dont les propriétés comprennent près d'un million d'hectares, sont entrés dans l'Association et sont prêts à faire droit aux demandes qui leur seraient faites par les ouvriers agricoles de leurs vastes domaines, pour la constitution de nombreux « allotments ». Si les possesseurs d'une si notable portion du sol cultivé de l'Angleterre ont témoigné tant de bonne volonté pour la création du système des « allotments », en réponse à une enquête d'un caractère purement individuel et privé, il est certain que l'enquête officielle à laquelle procédera le gouvernement révélera une situation encore plus satisfaisante.

On ne peut qu'applaudir sans réserves aux efforts que fait l'aristocratie anglaise en ce moment pour résoudre pacifiquement une question délicate et venir en aide spontanément aux milliers de prolétaires ruraux dont elle ignorait peut-être hier les souffrances, en même temps que les remèdes suffisants pour les adoucir. Il est à souhaiter que le principe si fécond de l'association exerce encore une fois son heureuse influence, et que les seuls efforts de l'initiative individuelle si développée en Angleterre permettent de grouper

of the land and glebe-owner Association, for the voluntary extension of the Allotments system. — Londres, Longmans-Green and C⁰, 1886.

les hommes de bonne volonté, de diriger leur action, d'étendre leur influence et d'atteindre peu à peu le but pratique poursuivi : assurer à chaque travailleur agricole un coin de terre auprès de son cottage, « trois acres de terre et une vache », suivant la formule consacrée qu'on reproche aux libéraux anglais d'avoir adoptée, pendant les élections, comme une réclame électorale. En dehors des associations privées, il existe aujourd'hui de l'autre côté de la Manche tout un parti politique qui lutte pour le rétablissement d'une classe de paysans propriétaires, analogues aux « yeomen », dont on ne trouve plus désormais de traces que dans l'histoire.

Le but ouvertement poursuivi est l'abrogation des lois qui enlèvent à la propriété toute mobilité et la concentre, au moyen des substitutions, entre les mains des représentants de quelques grandes familles. Le parti radical n'hésite même pas à faire du « socialisme d'Etat » et à faire intervenir le législateur pour faciliter et précipiter la division du sol. Deux députés à la Chambre des Communes, MM. Jesse Collings et Broadhurst, ont saisi le Parlement d'un projet de loi destiné à permettre aux circonscriptions sanitaires d'acquérir, par voie d'expropriation, des terres destinées à être vendues ou louées aux ouvriers agricoles par petites parcelles. Le prix d'achat devait être fixé par la Cour du comté au chiffre raisonnable que donnerait un acheteur ordinaire à un propriétaire prêt à vendre de son plein gré (art. 42); et les fonds nécessaires à ces acquisitions seraient avancés aux autorités locales par la trésorerie (art. 48), c'est-à-dire par l'État. Les terres seraient divisées en *small-holdings* (littéralement *petites locations*) et en *allotments*. Le *small-holding*, défini dans le projet de loi « une terre dont la superficie n'est ni moindre que l'acre (1 acre = 40 ares), ni supérieure à 4 acres », serait *indivisible*, mais susceptible d'être vendu, hypothéqué et engagé pour la totalité. La vente du *small-holding*, indique l'auteur du projet, sera faite aux personnes choisies par les autorités sanitaires aux conditions les plus satisfaisantes. Ce projet a été converti en loi; c'est l' « Allotment-Act » de 1887. Les résultats de cette innovation ne sont pas très marqués. « En 1886, dit M. Souchon, il y avait 348 872 petites concessions séparées des habitations. En 1892, on en comptait 455 005. Mais l'augmentation paraît tenir beaucoup plus à la continuation des pratiques des landlords (voir plus haut) qu'à une conséquence de la loi nouvelle. »

La limitation à un acre de la surface concédée caractérise l'*allotment* et le différencie du *small-holding* dont traite une loi plus récente, celle de

1892. Il s'agit, comme on le voit, de corriger les défauts de la grande propriété en Angleterre au moyen de la constitution d'une foule de petites exploitations. La loi sur les *allotments* ne concernait que la *location* de domaines minuscules destinés à faciliter la vie des ouvriers en leur assurant la jouissance d'un coin de terre. La loi sur les *small-holdings* va plus loin. Elle prévoit non seulement la location, mais la vente d'une surface variant de 1 à 50 acres (40 ares à 20 hectares). La loi anglaise doit surtout, dans la pensée de ses auteurs, permettre la multiplication des petites *propriétés* possédées et cultivées par des familles qui se trouveraient ainsi attachées au sol.

Il reste à savoir quelle est la valeur des méthodes que le législateur a employées pour atteindre le double but qu'il s'est proposé.

C'est aux Assemblées locales, aux Conseils de comté que la loi anglaise confie le soin d'appliquer les dispositions prévues. Il résulte donc de son texte même, comme de son esprit, que les Conseils locaux apprécient et décident en pareille matière d'une façon souveraine. Il est fort possible, étant donné un pareil pouvoir d'appréciation, que dans beaucoup de cas, depuis sept ans, le Conseil de Comté se soit borné à ne pas appliquer la loi simplement parce qu'il ne l'a pas jugée applicable utilement. Des considérations absolument étrangères à l'utilité de la mise en pratique du « Small-Holding Act » peuvent même, ou ont pu inspirer leurs résolutions. Si la majorité du Conseil est notamment persuadée que les dépenses résultant de l'application de la loi seront exagérées, elle peut légalement se dispenser de constituer des petits domaines agricoles.

En tous cas, si le Conseil décide qu'il y a lieu d'acheter des terres, il a le droit de les acquérir et de les céder sans bénéfice aux cultivateurs qui en font la demande. Le payement est facilité puisque les acheteurs versent seulement un cinquième du prix au moment de la prise de possession. Le surplus est acquitté par semestres au moyen de versements successifs qui peuvent être exigés durant une période maxima de cinquante ans!

M. Souchon dit, à ce propos, avec raison : « La loi de 1892 a l'avantage de prévoir l'organisation de véritables propriétés paysannes ; elle semble même correspondre très exactement aux idées générales que nous avons eu à développer sur les avantages économiques et sociaux du passage de la terre en masse suffisante entre les mains des cultivateurs. »

Il reste à savoir quelle a été l'influence exercée par la loi de 1892 sur le développement de la petite propriété en Angleterre. Sur ce point, M. Souchon est très catégorique.

« Les effets de la loi sur les *small-holdings*, dit-il, ont été *complètement nuls*. »

Nous avions, à la vérité, prévu cet échec depuis lontemps, et les événements nous ont, paraît-il, donné raison.

Voici, en effet, les difficultés que nous signalions quelques mois après le vote de la loi anglaise :

« Si nous supposons pour un instant que le Conseil de comté a triomphé des obstacles qu'il rencontrera au début, s'il prend une résolution, il reste à savoir comment il pourra acquérir des terres à l'amiable et les aménager pour constituer de petits domaines. Sans doute, la loi anglaise lui donne encore, sur ce point, les pouvoirs les plus étendus; mais les difficultés n'en restent pas moins fort grandes. Il faut tenir compte des prétentions exagérées des propriétaires actuels et de l'âpreté avec laquelle ils chercheront à réaliser un profit. D'autre part, le Conseil ne peut faire des dépenses considérables pour ouvrir des chemins, clore des propriétés, amener ou aménager des eaux, sous peine d'élever le prix de revient des « small-holdings » et d'effrayer les acheteurs pour lesquels la loi est faite, voire même de leur rendre toute culture lucrative impossible par la suite. »

Enfin, deux difficultés différentes ont fort probablement réduit l'utilité réelle de la loi anglaise et limité étrangement sa portée.

L'achat d'un « small-holding » de 1 à 50 acres d'étendue (40 ares à 20 hectares) impose au futur « paysan » une dépense relativement considérable.

Aux termes de la loi, un premier versement égal au cinquième du prix de vente doit être fait dans le mois qui suit l'entrée en jouissance. Si faible que soit le prix de vente et si modeste que soit la surface du domaine, le futur « landlord » devra débourser une somme de plusieurs milliers de francs. Nous avons, il y a peu de temps, visité les comtés du sud de l'Angleterre et nous avons constaté que le prix des terres les plus médiocres n'est pas tombé, malgré la crise agricole, au-dessous de 1 000 francs par hectare. Dans ces conditions, et en admettant que l'étendue d'un petit domaine ne dépassât pas 5 hectares, il faudrait que l'acheteur disposât immédiatement de 1 000 francs. Pour bâtir sa maison, une somme égale, ou plus vraisemblablement supérieure, lui est indispensable. L'exploitation d'une propriété rurale suppose, de plus, la possession d'un certain nombre d'animaux, de quelques instruments, semences, engrais, etc., et des avances nécessaires pour attendre les recettes futures. L'ouvrier agricole, que le législateur anglais voudrait transformer en petit propriétaire, possède-t-il le petit capital qui lui est indispensable? Nous ne le pensons pas! Et voilà, sans doute, pourquoi la loi sur les « small-holdings » n'a pas grand succès.

Il en sera de même, sans nul doute, toutes les fois qu'on voudra résoudre la question agraire par voie législative.

## BIBLIOGRAPHIE

*La Propriété paysanne*, par M. Souchon, professeur à la faculté de droit de Paris. — Paris. Larose, éditeur. 1899.

*Le Morcellement*, par A. de Foville. — Paris. Guillaumin, éditeur.

# CHAPITRE XIII

L'impôt sur le revenu et les intérêts de la population agricole en France. — Importance véritable des revenus des agriculteurs. — La suppression de la contribution mobilière ne leur profitera pas. — Résultats instructifs de l'application de l'impôt sur le revenu en Prusse.

Il a été bien souvent question des intérêts de la population rurale et des dégrèvements dont bénéficieraient les « travailleurs » agricoles si la contribution personnelle-mobilière venait à disparaître. La suppression de cette contribution et son remplacement par un impôt sur le revenu global auraient-ils pour effet, comme on l'a soutenu, de soulager « les 99 centièmes des contribuables dans la plupart de leurs villages »? Pour l'admettre, il faut, en vérité, bien mal connaître la constitution même de la population agricole et la situation réelle des intéressés.

Voici comment est divisé le groupe des personnes qui exercent réellement la profession d'agriculteurs, à titre de chefs d'exploitation ou de salariés, et qui constituent la portion *active* de la classe agricole [1] :

|  | Propriétaires. | Non propriétaires. |
|---|---|---|
| 1° Propriétaires cultivant exclusivement leurs terres avec l'aide de leur famille ou d'auxiliaires | 2 199 220 | » |
| 2° Fermiers | 475 778 | 585 623 |
| 3° Métayers | 123 297 | 220 871 |
| 4° Régisseurs | » | 16 091 |
| 5° Journaliers | 588 950 | 621 131 |
| 6° Domestiques | » | 1 832 174 |
|  | 3 387 245 | 3 275 890 |
|  | 6 663 135 | |

Si l'on pouvait admettre les conclusions pessimistes du parti des revendications sociales, les neuf dixièmes des travailleurs agricoles seraient de pauvres laboureurs courbés sur le sillon et dont le revenu infime, bien inférieur au chiffre de 2 500 francs, est encore diminué, aujourd'hui, par le prélèvement qu'opère la contribution personnelle-mobilière !

Fort heureusement ce tableau est trop sombre. Voici, par exemple, le groupe de nos propriétaires-cultivateurs au nombre de 2 199 000 ! Ces travailleurs agricoles ne peuvent se livrer à la culture exclusive de leur domaine qu'à la condition de posséder une surface qui dépasse 5 hectares. C'est là, en effet, l'étendue minima d'un

1. Enquête agricole de 1892. — Introduction, p. 386.

« vigneronage », comme on en rencontre dans la Bourgogne, la Franche-Comté, le Languedoc, etc. Quand il s'agit de cultures variées, exigeant moins de soins et de main-d'œuvre que la vigne, les surfaces correspondantes aux plus modestes « faire-valoir » s'élèvent rapidement à 10, 15 ou 20 hectares. Il est d'ailleurs possible de prouver que l'étendue cultivée par nos paysans propriétaires est beaucoup plus considérable que le public ne l'admet *a priori*. On sait, en effet, que 60 p. 100 environ de nos terres arables sont exploitées par leurs propriétaires. Cette proportion correspond à une étendue de 19 millions d'hectares ! Or, voici la surface totale occupée par les exploitations de 5 à 30 hectares :

| Exploitations de | Étendue totale | Nombre |
|---|---|---|
| 5 à 10 hectares.... ..... | 5 768 000 | 769 152 |
| 10 à 20 — .......... | 6 470 000 | 431 453 |
| 20 à 30 — ......... | 4 951 000 | 198 041 |
| | 17 189 000 | 1 398 616 |

Ainsi, le nombre total des exploitations d'une surface comprise entre 5 et 30 hectares ne s'élève qu'à 1 398 646. Il est donc notablement inférieur au chiffre de 2 199 000 correspondant au nombre des propriétaires-cultivateurs. Ceux-ci exploitent, par conséquent, des domaines ayant plus de 30 hectares, ou de petites propriétés inférieures à 5 hectares. Dans le premier cas, il est certain qu'il s'agit de « seigneurs fonciers » dont le revenu est largement supérieur à 2 500 francs. Lorsqu'il s'agit de faire-valoir direct, les dépenses de main-d'œuvre étrangère restent très faibles, et le produit brut, par hectare, s'élève, en France, à plus de 210 francs. Ce chiffre est relatif à l'ensemble du territoire cultivé ou *cultivable* en y comprenant les bois, landes, patis, etc. Il est donc bien inférieur à celui qui est obtenu par une culture moyenne sur des terres arables, lorsque l'œil du maître surveille l'exploitation d'un domaine.

Le produit brut atteint vraisemblablement le chiffre de 300 ou 350 francs et le produit net varie de 200 à 250 francs par hectare. *Indépendamment des consommations en nature*, une propriété de 10 hectares cultivée par une famille donne un produit net de 2 000 à 3 000 francs. La valeur du logement, des aliments fournis par le domaine, du combustible, élève ce chiffre bien au delà de 2 500 francs. A plus forte raison, cette somme est-elle dépassée, si l'exploitation est plus étendue.

Il n'est pas certain le moins du monde qu'elle soit plus faible lorsque la surface décroît. Deux hectares de vignes dans l'Aude ou dans l'Hérault donnent un revenu supérieur à celui de 10 hectares de médiocre productivité dans la Haute-

Vienne ou le Morbihan. Nous avons la conviction que l'on ne trouverait pas dans notre pays *un* agriculteur sur *dix* parmi ceux qui *cultivent exclusivement leurs terres*, dont le revenu net fût inférieur à 2 500 francs, surtout si l'on tenait compte des recettes en nature et du logement. Bien entendu il s'agit ici des propriétaires qui cultivent leurs terres avec l'aide des enfants de la famille. Notre conclusion, basée sur un grand nombre d'observations dans les régions les plus diverses, ne s'applique pas aux paysans qui possèdent quelques parcelles et sont, en outre, journaliers, petits fermiers ou métayers. Pour ces travailleurs agricoles qui forment des groupes spéciaux, distincts du premier, le revenu du champ paternel n'est qu'un appoint.

En ce qui concerne, maintenant, le deuxième groupe de la classe agricole, c'est-à-dire les fermiers, le doute n'est pas permis. Si modeste qu'il soit, un fermier est un patron, un entrepreneur de culture; il possède un capital d'exploitation par hectare qui représente de trois à six fois la valeur locative du sol. Ce capital varie de 150 à 1 000 francs par hectare, suivant la fertilité du domaine et le système de culture adopté. La surface d'une ferme est, dans l'immense majorité des cas, supérieure à 20 hectares. En outre, nous l'avons montré plus haut, sur 1 061 000 fermiers, on en compte 475 000 qui sont en même temps propriétaires! Les profits de leur culture, joints au revenu net de leur propriété, aux consommations et au logement, atteignent presque toujours 2 500 francs. Une exemption d'impôts, quelle qu'elle fut, ne leur serait jamais applicable si elle était subordonnée à cette condition que le bénéficiaire devrait avoir un revenu global inférieur à cette somme.

Voici le groupe des métayers, des pauvres métayers, c'est l'expression classique. Ceux-là ne possèdent souvent rien. Tout le capital d'exploitation est fourni par le propriétaire, dans la plupart des cas. Quel est donc leur revenu? Nous avons bien souvent parlé des métayers et cité des exemples bien curieux, pris sur le vif, en ce qui touche leurs profits [1]. — L'un des métayers dont nous avons conté l'histoire ne possédait *rien!* Son domaine, situé en Franche-Comté, avait une surface de 67 hectares. Ancien fermier, que le défaut de capitaux conduisait à la ruine, il trouva un propriétaire intelligent qui le prit comme associé et avança les sommes nécessaires à l'exploitation. Quatre ans après, notre métayer gagnait 3 000 francs nets par an, sans compter ses consommations, son logement et les économies réalisées

---

1. Voir nos deux volumes : *Questions agricoles d'hier et d'aujourd'hui* (1re et 2e séries). — Paris, Alcan, éditeur; 1894 et 1895.

puisqu'il était arrivé à devenir propriétaire des animaux constituant sa part dans le cheptel vif.

Un autre métayer de la Haute-Vienne cultive un domaine de 40 hectares. Son propriétaire a fourni le capital d'exploitation; personnellement il n'a donc apporté que ses bras et sa bonne volonté. Or, voici ses gains annuels, déduction faite de toutes dettes ou redevances de quelque nature qu'elles soient; il s'agit d'une somme liquide en argent :

|  | Francs. |
|---|---|
| 1892 | 3 065 |
| 1893 | 2 574 |
| 1894 | 2 546 |

Ajoutons à ce total les fruits et les légumes, les œufs, les volailles, le logement et le combustible ! Il est clair que nous dépassons 2 500 francs.

Est-ce à dire que tous les métayers, — et tous les fermiers, — soient dans cette situation? Qui le sait? Une commission d'évaluation indulgente, ou bienfaisante, découvrirait sans nul doute beaucoup d'infortunes à signaler, beaucoup de dégrèvements à prononcer, surtout si l'on pouvait espérer que la taxe épargnée aux plus sympathiques contribuables frapperait un voisin vraiment trop laborieux, — traduisez, trop heureux. Rien n'est plus doux que d'échapper à l'impôt quand le châtelain opulent, — tous les châtelains sont

opulents, — ou le gros fermier d'à côté, est obligé
de l'acquitter. On l'a dit autrefois, et en latin :

> Il est doux, quand la mer est en proie à l'orage,
> De contempler, du bord, les tourments du naufrage.

Mais, en vérité, on ne trouverait probablement
pas, en France, un métayer sur quatre dont le
revenu fût inférieur au chiffre fatal. Or, on ne
compte que 345 000 métayers dans notre pays !

Que dire des journaliers qui constituent le cinquième groupe professionnel, car nous laissons
de côté les régisseurs ?

Certes, aucun d'entre eux ne gagne personnellement 2 500 fr., et, même en y joignant les
gains cumulés des membres de la famille, on
n'atteindrait pas ce chiffre. Or, il se trouve
1 209 000 journaliers agricoles de tout sexe et de
tout âge dont la statistique nous parle.

Beaucoup d'entre eux ne seraient pas touchés
par l'impôt global sur les revenus supérieurs à
2 500 fr., cela est vrai, et nous nous étonnons
même qu'on ne l'ait pas fait remarquer. Il est bon
toutefois de noter que 588 000 journaliers (près
de la moitié) sont propriétaires. La suppression de
la contribution personnelle-mobilière leur profiterait, peut-être, cependant. Mais combien peu ! Cet
impôt ne pèse pas d'un poids bien lourd sur les
modestes ouvriers de nos campagnes. Pour s'en

convaincre, il suffit de rechercher quel est le montant de la cote personnelle-mobilière dans nos petites communes d'une population inférieure à 2 000 habitants.

Bien entendu, il s'agit du principal seulement, puisque les centimes additionnels doivent être maintenus.

| Communes de | Cote personnelle mobilière moyenne en principal. |
|---|---|
| | Fr. c. |
| 200 habitants et au-dessous......... | 4 04 |
| 201 à   500 ........................ | 4 10 |
| 501 à 1 000 ........................ | 4 16 |
| 1 000 à 2 000 ........................ | 4 65 |

Il s'agit d'une somme de 4 francs pour la cote personnelle-mobilière en principal. Encore est-ce là un chiffre *moyen* supérieur par conséquent à la cote des ouvriers ruraux! En vérité, voilà un bien mince dégrèvement. Il n'a guère l'importance qu'on paraît lui attribuer. Remarquons, d'ailleurs, que cette observation s'applique tout aussi bien aux propriétaires-cultivateurs, aux fermiers et aux métayers qui pourraient également se trouver dégrevés. — Vus de près, ces chiffres ressemblent un peu aux bâtons flottants sur l'onde.

Nous avons, enfin, à parler du dernier groupe de travailleurs agricoles, des domestiques de ferme; un gros bataillon de 1 832 000 hommes... et femmes. N'oublions pas, en effet, que l'on a rangé parmi les domestiques 552 000 servantes.

De plus, il faut ajouter à ce chiffre 253 000 domestiques mâles âgés de moins de seize ans! Ainsi 800 000 personnes sont appelées à ne recueillir aucun bénéfice d'un changement de législation fiscale relatif à la suppression d'une contribution qu'elles ne supportent pas. Quant aux 1 032 000 maîtres-valets, charretiers, bouviers, bergers, fromagers, etc., qui sont aujourd'hui bien faiblement frappés, — si toutefois ils le sont, — leur sort ne serait pas davantage amélioré. En résumé, la population agricole n'est que fort peu intéressée à la suppression du principal de la contribution personnelle-mobilière et à l'établissement d'un impôt général sur les revenus supérieurs à 2 500 francs. La plupart des propriétaires-cultivateurs, des fermiers ou même des métayers devraient supporter la charge de la nouvelle taxe. Ceux qui pourraient y échapper ne sont pas atteints aujourd'hui ou le sont si faiblement qu'ils ne comprendraient probablement pas la valeur du cadeau qu'on veut leur faire. Ce que nous disons de la contribution personnelle-mobilière est encore plus certain en ce qui touche l'impôt des portes et fenêtres.

Cet impôt est plus critiquable à la vérité. C'est une taxe sur l'air et la lumière. Mais il suffit de l'ajouter à la contribution foncière pour forcer les propriétaires à l'acquitter tout entière.

Qu'allons-nous obtenir avec l'application de l'impôt sur le revenu? Chose curieuse! nous allons ajouter aux charges des contribuables l'arbitraire d'une taxation, dont pourront disposer — comme d'une arme dangereuse — tous les partis politiques.

Dans les campagnes, il faudra supputer la valeur de tous les produits que consomment en nature fermiers, métayers et petits propriétaires.

Si l'on multiplie les exemptions pour les plus pauvres... ou les mieux pensants, — l'impôt sera improductif ou bien il faudra en augmenter le poids sur les épaules de ceux qui ne pourront pas dissimuler leur revenu.

Et, en définitive, le Trésor ne touchera pas un centime de plus qu'auparavant. Soit 160 millions. Le contribuable n'en paiera pas moins tous les impôts qu'il acquitte, soit 3 milliards 600 millions.

Etait-ce la peine de changer, et Jacques Bonhomme s'apercevra-t-il enfin qu'il est une fois de plus victime d'une illusion?

Voici un pays, la Prusse, qui « jouit » d'un impôt sur le revenu. Les *deux tiers* de la population ne le supportent pas, parce que le revenu moyen de la famille est considéré comme inférieur à 900 marks (1 125 francs). Pour 34 millions d'habitants, on ne trouve que 350 000 familles taxées comme possédant un revenu supérieur à 3 000 marks (3 750 francs).

Voilà quels sont les résultats officiels obtenus après dix ans de perception. En totalité, l'impôt sur le revenu prussien produisait, en 1901, 186 millions de marks, soit 232 millions de francs.

Pourquoi ce rendement est-il si faible? C'est un Allemand qui va nous le dire, et je cite textuellement :

« Ce qui principalement et en première ligne explique les mauvais résultats de l'assiette de l'impôt, c'est indubitablement l'inexactitude de la taxation des *populations agricoles*. Parmi les populations, il est de règle de ne pas compter la valeur des produits naturels qu'elles recueillent et qu'elles consomment au nombre des revenus. Dans ces milieux agricoles, l'opinion régnante et *trop malheureusement tolérée* est que seul l'excédent en valeur métallique des récoltes doit être considéré comme un revenu...

...... *Quiconque voudra arriver à une exacte imposition du revenu devra s'attaquer à toute la population agricole.* »

Est-ce que ce résultat n'est pas de nature à faire réfléchir les contribuables ruraux?

# TABLE DES MATIÈRES

BIBLIOTHÈQUE

PRÉFACE......................................................  V

## CHAPITRE I

L'enseignement agricole. — L'opinion de Columelle. —
L'enseignement agricole en France avant et après 1870.
— Le budget de l'enseignement agricole. — De la prétendue inutilité de cet enseignement et des critiques dont
il est l'objet. — La théorie et la pratique. — Rareté des
situations offertes aux élèves des écoles d'agriculture. —
Préjugés relatifs à la profession d'agriculteur et indifférence des propriétaires. — Les remèdes nécessaires......  1

## CHAPITRE II

Les professeurs départementaux d'agriculture. — Critiques injustifiées dont ils ont été l'objet de la part de quelques publicistes ignorants. — Le mode de recrutement.— Le
rôle et les fonctions. — Les traitements et les qualités
exigées............................................................  24

## CHAPITRE III

La réforme des écoles pratiques d'agriculture et le décret
du 19 janvier 1904. — Insuffisance du recrutement des
élèves et raisons qui l'expliquent. — Défiance du public
agricole à l'égard de la « théorie » et importance des sacrifices imposés aux parents par l'entretien des élèves dans
une école. — Le rapport de Richard (du Cantal) sur les
fermes-écoles. — La rédaction des programmes. — L'insuffisance des débouchés offerts aux élèves est la vraie raison
de l'insuccès relatif des écoles d'agriculture............  35

## CHAPITRE IV

L'association et l'agriculture. — Les transformations récentes de l'industrie agricole et la nécessité des groupements nouveaux. — Les agriculteurs et l'esprit d'association. — Le propriétaire est l'associé et le commanditaire naturel du cultivateur. — Du danger des tendances actuelles de certains groupements professionnels agricoles. — La lutte contre la baisse. — Le relèvement des prix par l'entente des producteurs groupés. — Exagération et injustice des attaques dirigées contre le commerce des grains. — Dangers d'une coalition de producteurs ayant pour objet le relèvement artificiel des cours ................................. 57

## CHAPITRE V

L'augmentation de la production agricole et la baisse des prix. — Les vins, le blé. — L'agiotage et la baisse des cours du froment. — Les prix moyens par trimestre en France et en Angleterre. — La vente collective des céréales et les greniers coopératifs; un essai préalable à tenter. — Influence curieuse des variations de prix du blé sur la consommation parisienne. — Impuissance probable du Trust des producteurs de blé ................................. 111

## CHAPITRE VI

Importance croissante et peu connue de nos achats de produits coloniaux. — Les denrées alimentaires, les matières premières industrielles, les oléagineux, les textiles et les soies, les riz et les sucres. — Nos importations coloniales comparées à nos importations totales. — Les détaxes coloniales. — Le caoutchouc et les colonies françaises. — Essais de culture à l'étranger. — Comment coloniser?.... 131

## CHAPITRE VII

Le professeur Sanson et son œuvre. — Les questions zootechniques ................................. 155

## CHAPITRE VIII

Le *Traité de géologie agricole* de M. E. Risler.......... 175

## CHAPITRE IX

Les laiteries coopératives de la Vendée. — Le coût d'établissement et les méthodes d'amortissement. — Inconvénients et dangers du paiement des laits fournis en tenant compte seulement du poids. — La richesse en beurre est la base normale de toute évaluation. — Exemples de l'application de cette méthode d'évaluation en Belgique et aux États-Unis. — L'utilisation du lait doux écrémé; importance des recettes qui en proviennent. — Les essais de M. Gouin relatifs à la nourriture des veaux par le lait écrémé et la fécule................................... 185

## CHAPITRE X

Les assurances mutuelles contre la mortalité du bétail. — Les statuts de la société du Poiré-sur-Vie; les résultats financiers. — Les sociétés d'assurances mutuelles dans le département des Landes. — Modèle de statuts. — Caractères juridiques d'une société d'assurances mutuelles agricoles. La loi de 1900 les assimile à un syndicat................. 202

## CHAPITRE XI

La hausse du blé en 1903 et les prétendus agissements de la spéculation. — Causes réelles de cette hausse qui ne pouvait être de longue durée. — La hausse de la farine et du pain. — La réforme de la législation douanière et l'abaissement des droits sur le blé. — Hausse possible des prix et diminution du pouvoir d'achat de l'or. Accroissement rapide de la production du métal jaune............ 223

## CHAPITRE XII

La division de la propriété rurale en Angleterre et en France. — Tentatives faites pour reconstituer le groupe des petits propriétaires anglais. — Insuffisance des mesures prises à cet égard, et impuissance d'une réforme légale... 246

## CHAPITRE XIII

L'impôt sur le revenu et les intérêts de la population agricole en France. — Importance véritable des revenus des agriculteurs. — La suppression de la contribution mobilière ne leur profitera pas. — Résultats instructifs de l'application de l'impôt sur le revenu en Prusse ........................ 267

506-04. — Coulommiers. Imp. Paul BRODARD. — 8-04.

## Album agricole, publié sous la direction

et avec le concours de M. Daniel Zolla, professeur à l'École nationale d'Agriculture de Grignon, par MM. A. Jennepin et Ad. Herlem, directeurs d'Écoles publiques. 1 vol. in-4°, avec *600 figures*, cartonné. . . **2 25**

L'*Album agricole* est un recueil de leçons de choses sur l'agriculture, complet, pratique et scientifique à la fois. Chaque page de texte fait face à une page de gravures : l'une éclaire et commente l'autre. Les gravures, qui sont nombreuses, claires et précises, passent en revue le sol, la plante, les engrais, l'irrigation, le matériel agricole, les céréales, les prairies, les animaux domestiques, l'apiculture, la culture potagère, la vigne, le cidre, etc.

Cet ouvrage tient des maîtres qui l'ont composé une valeur scientifique que ne manqueront pas d'apprécier les agriculteurs de profession ; d'autre part, il est mis à la portée de tous, grâce à l'excellente disposition des matières, à la simplicité et à la clarté de la méthode.

## Éléments de Pisciculture pratique,

par M. J. Jaffier, président de la Société de Pisciculture de la Creuse. 1 vol. in-18 jésus, *50 figures*, broché. . . . . . . . . . . . . . . . . . . . **2 »**

« Un jour viendra où l'on sèmera du poisson dans les rivières, comme on sème du blé dans les champs. » M. Jaffier a apporté une utile contribution à la mise en œuvre de cette parole de Quatrefages, en nous faisant connaître dans son excellent petit ouvrage le résultat de ses expériences. Dans bon nombre d'entreprises agricoles, il existe des terrains de peu de valeur ; quand l'eau peut y être amenée, il n'est pas de meilleure façon d'en tirer parti que de s'y livrer à l'élevage du poisson. M. Jaffier expose les dispositions que doit présenter un établissement piscicole pour que les œufs, puis les alevins se trouvent dans les conditions les plus favorables. Après avoir énuméré les meilleures espèces à cultiver, il donne le modèle très raisonné et réalisable à peu de frais d'une installation de pisciculture industrielle.

*Librairie Armand Colin, 5, rue de Mézières, Paris.*

---

## Notions élémentaires d'Hygiène pratique, par M. le D^r GALTIER-BOISSIÈRE. 1 vol. in-18 jésus, broché. . . . . . . . . . . . . . . . . . . 3 50

Relié toile. . . . . . . . . . . . . . . . . . . 4 »

On se porterait à merveille si l'on suivait la moitié des conseils de M. Galtier-Boissière. Son livre est très aisé à manier, et avec cela très complet; précieux pour les valétudinaires, intéressant et même amusant pour les gens bien portants.

Dans la première partie, les règles fondamentales de l'hygiène sont exposées avec de claires prescriptions. Une large place est faite à l'enseignement par les yeux : collaboration indispensable pour rendre claires et concises les descriptions. Les données d'anatomie, de physiologie, ainsi comprises et allégées de toute expression technique, le lecteur se trouve initié en quelques lignes au fonctionnement de nos organes.

L'ouvrage se termine par une foule de renseignements de première utilité et un petit lexique on ne peut plus pratique.

---

## Curiosités de l'Histoire naturelle, par M H. DE VARIGNY. 1 vol. in-18 jésus, broché. 3 50

L'auteur a rassemblé dans ce recueil mille particularités curieuses et peu connues, réunies par lui au cours de ses études et de ses lectures. On y trouve sur l'univers, sur la terre, sur les hommes et les animaux qui la peuplent, sur les plantes qui la parent, des renseignements d'une sérieuse valeur scientifique et d'une forme agréable qu'il serait bien long d'aller chercher dans nombre d'ouvrages et de revues. Si surprenantes que soient les merveilles décrites par M. de Varigny, il ne cite ou n'avance pas un détail qui ne repose sur la parole autorisée d'un voyageur ou d'un savant moderne.

Les *Curiosités de l'Histoire naturelle* forment un livre attrayant, bien fait pour donner aux jeunes gens le goût de la science et pour compléter utilement les connaissances qu'ils ont pu acquérir. A tout âge on pourra le lire, et il n'est pas de bibliothèque où il ne puisse trouver sa place.

N° 602.

*Librairie Armand Colin, 5, rue de Mézières, Paris.*

**Nos Fleurs,** *Plantes utiles et nuisibles,* par M. Leclerc du Sablon, doyen de la Faculté des sciences de Toulouse. Ouvrage illustré de *350 figures en noir,* accompagné de *16 planches hors texte* contenant *144 figures en couleur* dessinées par A. Millot et reproduites, à l'aide de 15 teintes, par la chromolithographie. 1 vol. in-4° cavalier, broché. . . **12 50**

Relié toile, tranches dorées, 16 fr.

**Nos Bêtes,** *Animaux utiles et nuisibles,* par M. le Dr Henri Beauregard, assistant de la chaire d'anatomie comparée du Muséum. Deux volumes illustrés de nombreuses figures en noir, accompagnés de *planches hors texte en couleur* dessinées par A. Millot et reproduites, à l'aide de 18 teintes, par la chromolithographie :

TOME Ier. — **Animaux utiles.** 1 vol. in-4°, 272 figures en noir et *23 planches hors texte* contenant *228 figures en couleur,* broché. . . . . . . . . . . . . . . . . . . **20 »**

TOME II. — **Animaux nuisibles** ou sans utilité. 1 vol. in-4°, 255 figures en noir et *22 planches hors texte* contenant *242 figures en couleur,* broché. . . . . . . . . . . . . . **20 »**

Chaque volume, relié toile, tranches dorées, 25 fr.

**Nos Terrains,** par M. Stanislas Meunier, professeur-administrateur au Muséum d'histoire naturelle. Ouvrage illustré de *260 figures en noir* par René-Victor Meunier et Bidault, et *de 24 planches hors texte en couleur,* par P. Gusman et Jacquemin. 1 vol. in-4°, broché . . . . . . . . . . . . . **20 »**

Relié toile, tranches dorées, 25 fr.

N° 551.

## Dictionnaire-manuel-illustré **des Sciences usuelles,** par M. E. BOUANT. Un volume in-18 jésus, *2 500 gravures*, relié toile, tr. rouges.     6 »

Ce livre n'est pas un dictionnaire scientifique complet, mais c'est un commode ouvrage de référence. En l'écrivant, l'auteur s'est proposé de fournir, sur les différentes branches des applications des sciences, les renseignements rapides dont on a constamment besoin. Chacun des sujets qui s'y trouve traité forme un tout, de telle manière que la lecture du mot correspondant satisfasse immédiatement la curiosité du lecteur, sans l'obliger à de nouvelles recherches. Les mots techniques peu connus sont soigneusement évités; on a tâché d'employer toujours le langage courant.

De nombreuses vignettes et, chaque fois que la nécessité s'en fait sentir, des figures d'ensemble, des figures groupées, facilitent la compréhension du texte..

---

## Dictionnaire-manuel-illustré **des Connais-sances pratiques,** par M. E. BOUANT. Un volume in-18 jésus, *1 600 gravures*, relié toile, tranches rouges. . . . . . . . . . . . . . . . . 6 »

Les notions les plus simples, les plus essentielles, contenues dans les livres spéciaux de législation, de médecine, de pêche, de chasse, de cuisine, de sport, de jeux, etc., sont ici abrégées et classées dans l'ordre alphabétique. Un fort grand nombre de recettes d'une application facile, répondant à une foule de besoins de la vie pratique, s'ajoutent à ces notions variées. A côté de la législation usuelle, l'auteur a placé des renseignements précis sur les carrières que peuvent embrasser les jeunes gens, sur les écoles spéciales qui y conduisent, sur ces chances d'avenir qu'on y rencontre.

Les illustrations, très nombreuses et très soignées, ont l'avantage de préciser les notions et de les fixer dans la mémoire.

N° 603.

## Dictionnaire-manuel-illustré des Écrivains et des Littératures, par MM. Charles Gidel et Frédéric Loliée. 1 vol. in-18 jésus, *300 gravures*, relié toile, tranches rouges. . . . . . . . . . . 6 »

En entreprenant ce dictionnaire aisé, maniable, qui fournit, d'une manière prompte et sûre, la notion la plus exacte de la valeur de chaque écrivain, le résumé le plus succinct de l'histoire intellectuelle de chaque peuple, MM. Gidel et Loliée ont atteint le but de leur ambition qui était de traiter exactement et littérairement des hommes et des choses de la littérature de tous les temps et de tous les pays. M. Gidel a fourni à l'œuvre des études générales sur les littératures grecque et latine, sur quelques-uns des maîtres de la littérature française. M. Loliée a consacré à l'ensemble de ce répertoire universel et classique plus de dix années de travail, de recherches persévérantes, d'enquêtes méthodiques, et coordonné tous les matériaux de l'ouvrage.

(Revue des Deux Mondes.)

## Dictionnaire - manuel - illustré des Idées suggérées par les Mots, par M. Paul Rouaix. 1 vol. in-18 jésus, *avec 16 planches hors texte*, relié toile, tranches rouges. . . . . . . . . . . 6 »

Les dictionnaires actuels sont, à proprement parler, des dictionnaires de « version » : ils *traduisent* les mots par des mots. L'ouvrage de M. Rouaix est un dictionnaire de « thème », — d'un thème dont le texte serait presque l'idée elle-même. Aux mots représentant *l'idée simple*, sous sa désignation la plus simple, se juxtaposent, en un ordre raisonné, les mots qui traduisent cette *idée* dans ses éléments, ses espèces, ses nuances, — être, qualité, action, — groupement fécond en synonymes, équivalents, associations d'idées, etc. L'auteur donne les mots qu'on ignore comme ceux qu'on a oubliés; et ces mots éveillent les idées, remédiant ainsi à la difficulté plus grande d'aller de l'idée au mot que du mot à l'idée.

*Librairie Armand Colin, 5, rue de Mézières, Paris.*

# Atlas

## des

# Colonies Françaises

Dressé par ordre du Ministère des Colonies

### par PAUL PELET

*27 cartes et 50 cartons en 8 couleurs*
*avec un Texte explicatif et un Index alphabétique de*
*34 000 noms.*

Un volume in-4° colombier (62×42), relié toile, prix *net.*  **30 fr.**

---

*Liste des cartes contenues dans l'Atlas :*

1. Planisphère. Colonies françaises.
2. Afrique française.
3. Algérie.   I. Province d'Oran.
4. —   II. Province d'Alger.
5. —   III. Province de Constantine.
6. Tunisie.
7. Sahara algérien et tunisien.
8. Bas-Sénégal.
9. Afrique occidentale :
   I. Sénégal.
10. II. Guinée française et Côte d'Ivoire.
11. III. Dahomey.
12. Congo *(feuille Sud).*
13. — *(feuille Nord)* Haut-Oubangui et Chari.
14. Côte française des Somali et dépendances.
15. Madagascar.   I. Comores.
16. —   II.
17. —   III. Réunion.
18. —   Partie centrale *(feuille Nord).*
19. —   — *(feuille Sud).*
20. Indo-Chine française *(feuille Nord)*
21. —   *(feuille Sud).*
22. Tonkin : le Delta.
23. Inde, Guyane.
24. Guadeloupe, **Martinique.**
25. Nouvelle-Calédonie.
26. Polynésie.
27. Points d'appui **de** la flotte.

Les Cartes de l'*Atlas des colonies françaises* peuvent être vendues séparément.

Prix de chaque carte (n^os 1 à 26) . . . . . . . . . . . . . . .  **1 fr. 25**
Prix de la carte n° 27 . . . . . . . . . . . . .  **60 cent.**

N° 646.

*Librairie Armand Colin, 5, rue de Mézières, Paris.*

## La Propriété rurale en France, par
M. Flour de Saint-Genis. Ouvrage précédé d'un rapport de M. de Foville à l'Académie des Sciences morales et politiques. Un volume in-8° écu, broché. . . . . . . . 6 »
*(Ouvrage couronné par l'Académie des Sciences morales et politiques.)*

## Géologie pratique et Petit Dictionnaire technique
des termes géologiques les plus usuels, par M. de Launay, professeur à l'École supérieure des Mines. Un vol. in-18 jésus, broché. . . . . . . . . . . . . . . . . 3 50

## Les Syndicats agricoles et leur œuvre,
par M. le comte de Rocquigny. Un volume in-18 jésus *(Bibliothèque du Musée social)*, broché. . . . . . . 4 »
*(Ouvrage couronné par l'Académie française.)*

## Les Cartells de l'Agriculture en Allemagne, par M. A. Souchon, professeur à la Faculté de
droit de l'Université de Paris. Un vol. in-18 jés., br. 4 »

## La Mutualité : *Ses principes, Ses bases véritables,*
par M. F. Lépine, avec lettre-préface de M. Frédéric Passy, membre de l'Institut. Un volume in-18 jésus, br. . 3 50

## Les Sociétés coopératives de consommation, par M. Ch. Gide, chargé de cours à la Faculté
de droit de l'Université de Paris. Un volume in-18 jésus, relié toile souple. . . . . . . . . . . . . . . . 2 50

## Vente et Achat du Bétail vivant, par
MM. E. Pion et P. Godbille. Un vol. in-18 jés., br. 3 50

## La Pratique des Affaires *(Droit civil et Droit
fiscal)*, par M. P. Bégis, receveur des actes civils et successions à Sens. *Nouvelle édition mise au courant de la législation.* Un vol. in-18 jésus., rel. toile, tr. rouges. 5 »

4805. — Paris. — Imp. Hemmerlé et Cⁱᵉ.

www.ingramcontent.com/pod-product-compliance
Lightning Source LLC
LaVergne TN
LVHW020104060726
842526LV00004B/1006